伊礼千晶的梭编蕾丝作品集

〔日〕伊礼千晶　著
蒋幼幼　译

河南科学技术出版社
·郑州·

前 言

大约 10 年前，我偶然走进一家书店看到了一本名为《梭编蕾丝》的书。
第一次发现有一种手工，可以让我陶醉其中甚至忘记了时间。
刚开始，我每天制作的都是书中的各种花样。
有一天，看着越积越多的作品不由得寻思："用作什么好呢？"
不如试试身边的实用小物吧。于是，我开始了饰品的制作。
今天，我虽然一边构思一边创作了各种大大小小的作品，
可是回头一想，只是单纯地喜欢梭编蕾丝！
本书的设计正是源于这样的初衷。
希望大家可以从中找到属于自己的乐趣。

filigne 伊礼千晶

目 录

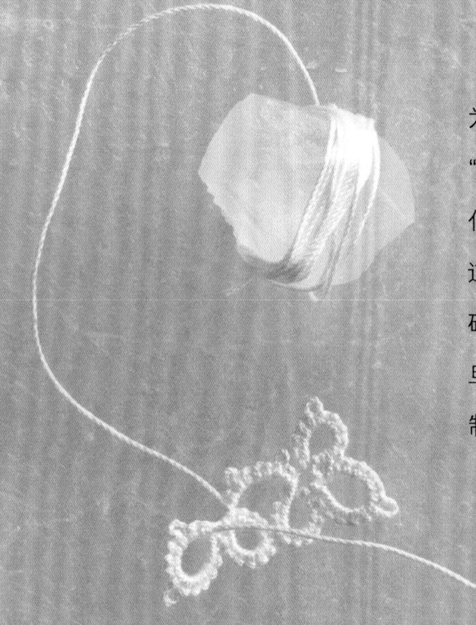

为初学者设计的基础花片就像准备打磨的"原石"，只要改变接耳前的针数，就可以变化出3瓣、4瓣、5瓣、6瓣的小花片。第一道关就是制作针目（编结）。先来学习"基础结（double stitch）"的编织方法吧。一旦掌握了窍门，就会觉得越发有趣！

制作方法→p.65、p.66

I
原石花片

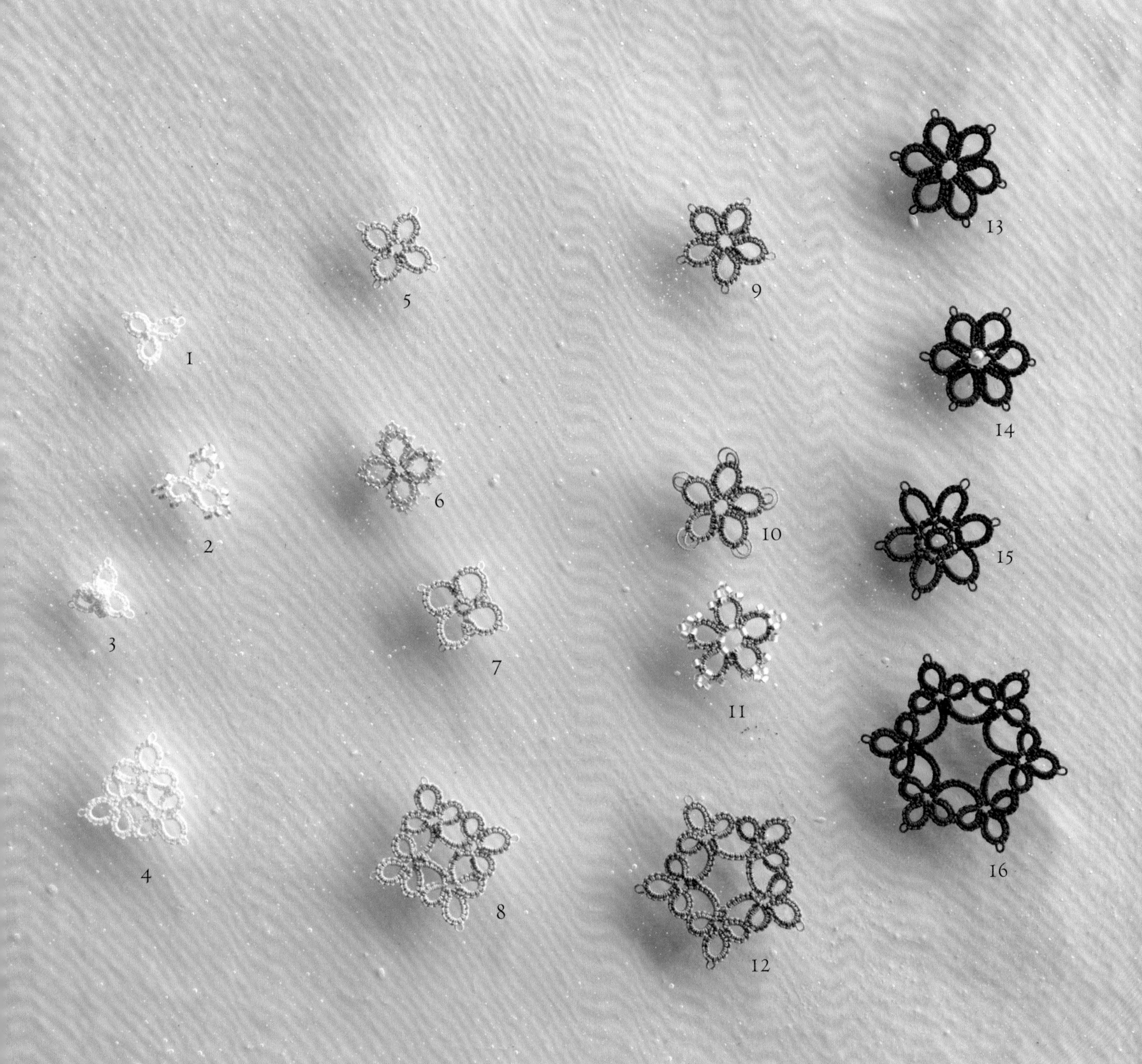
1
2
3
4
5
6
7
8
9
10
11
12
13
14
15
16

1~4

3瓣的小花片中，环的编织起点与
接耳之间的针数是1针。
约瑟芬结(Josephine knot)的设计增添
了一分趣味。

制作方法→p.65

5~8

4瓣的小花片中，环的编织起点与
接耳之间的针数是2针。
加入许多串珠后，显得闪亮华丽。

制作方法→p.65

9 ~ 12

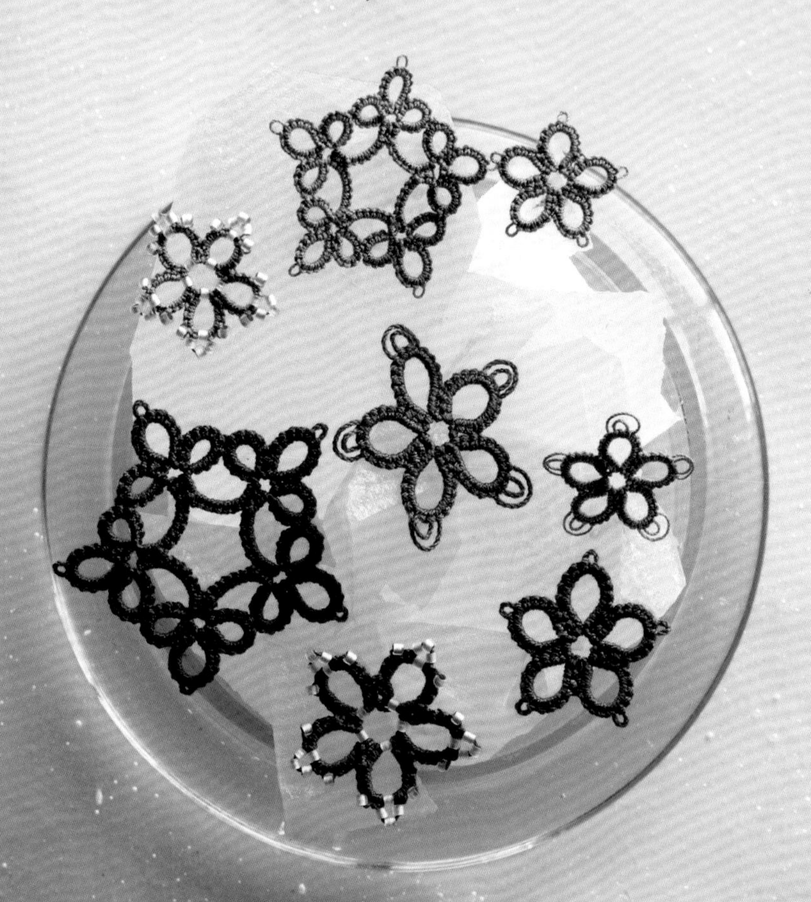

5瓣的小花片中，环的编织起点与接耳之间的针数是3针。
挑战一下“双重耳”吧。

制作方法→p.66

13 ~ 16

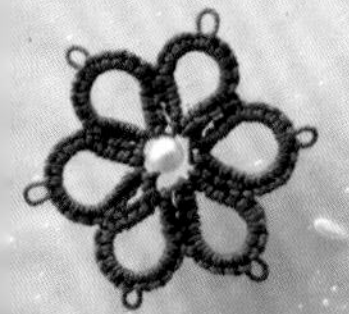

6瓣的小花片中，环的编织起点与
接耳之间的针数是4针。
只是在中心加入了一颗珍珠，你看，多可爱！

制作方法→p.66

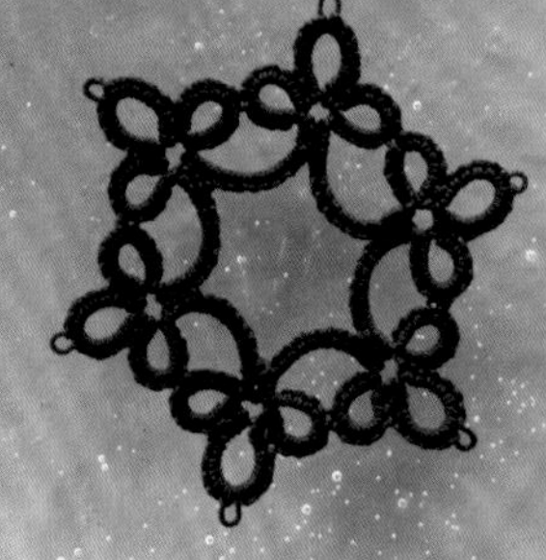

Ⅱ
凯尔特花片

仅用环和桥这两种简单的技法就可以编织出十字花片和圆形花片。单独1个花片就十分别致，但是像拼图一样组合起来的新形状宛如神秘又充满力量的凯尔特花样。在花片的组合方法和配色上花点心思，大胆随意地尝试一番吧。

制作方法→p.67

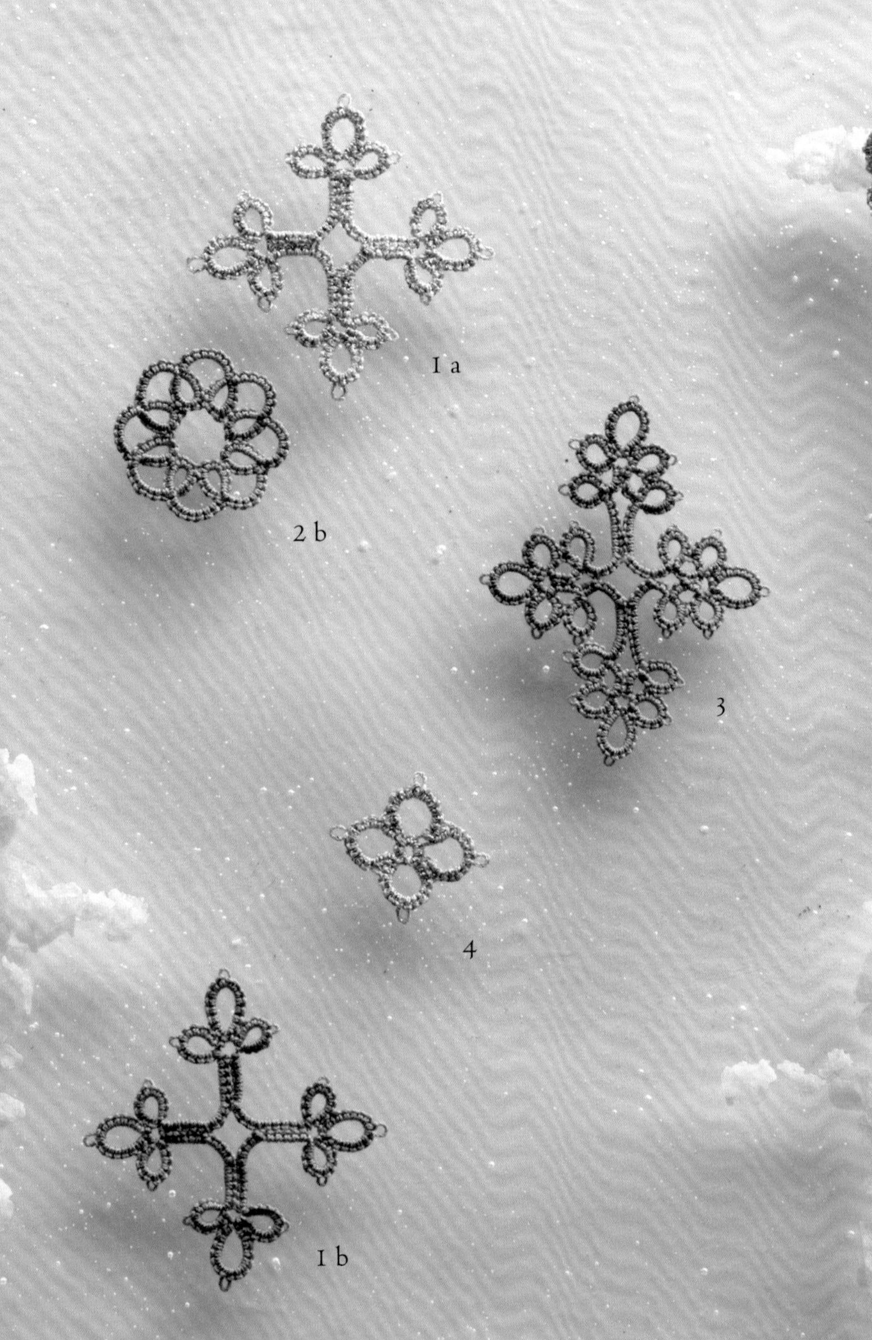
2 a
1 a
2 b
3
4
1 b

1b + 2a

1a + 2b

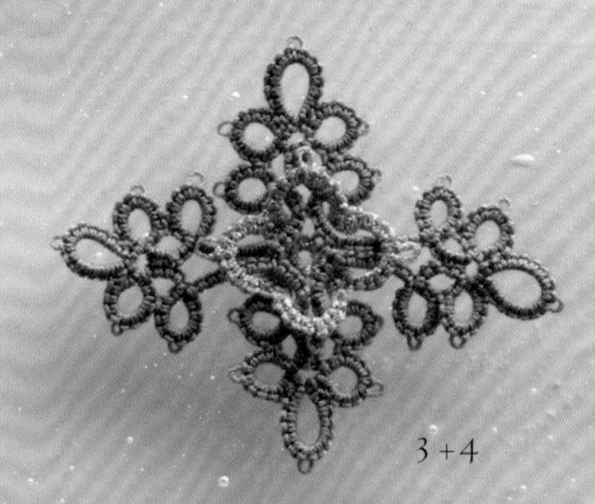

3 + 4

只是将十字花片穿入圆形花片的空隙，
便衍生出了富有立体感的设计。

制作方法→p.67

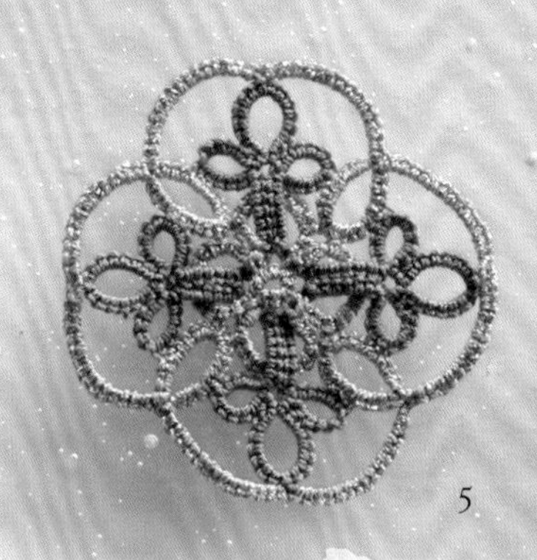

5

6

将十字花片和圆形花片组合在一起后再加上边缘，又是一个全新的设计。

制作方法→p.67

Ⅲ

圆形花片

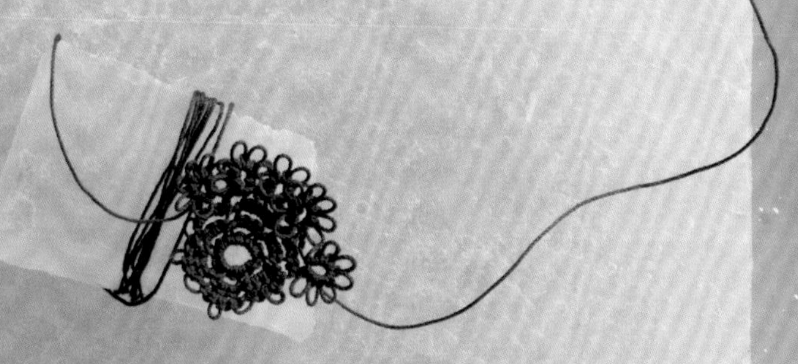

这些都是直径2~3cm的小花片。可爱的花样无不让人联想到绽放的花朵。加入大量耳的花片只要改变中心环的针数，给人的印象就会截然不同。可以缝在现有物品上作为点缀，或者连接花片制作成首饰和饰带，也可以加入串珠增加华丽气息，不妨按个人喜好灵活使用。

制作方法→p.68

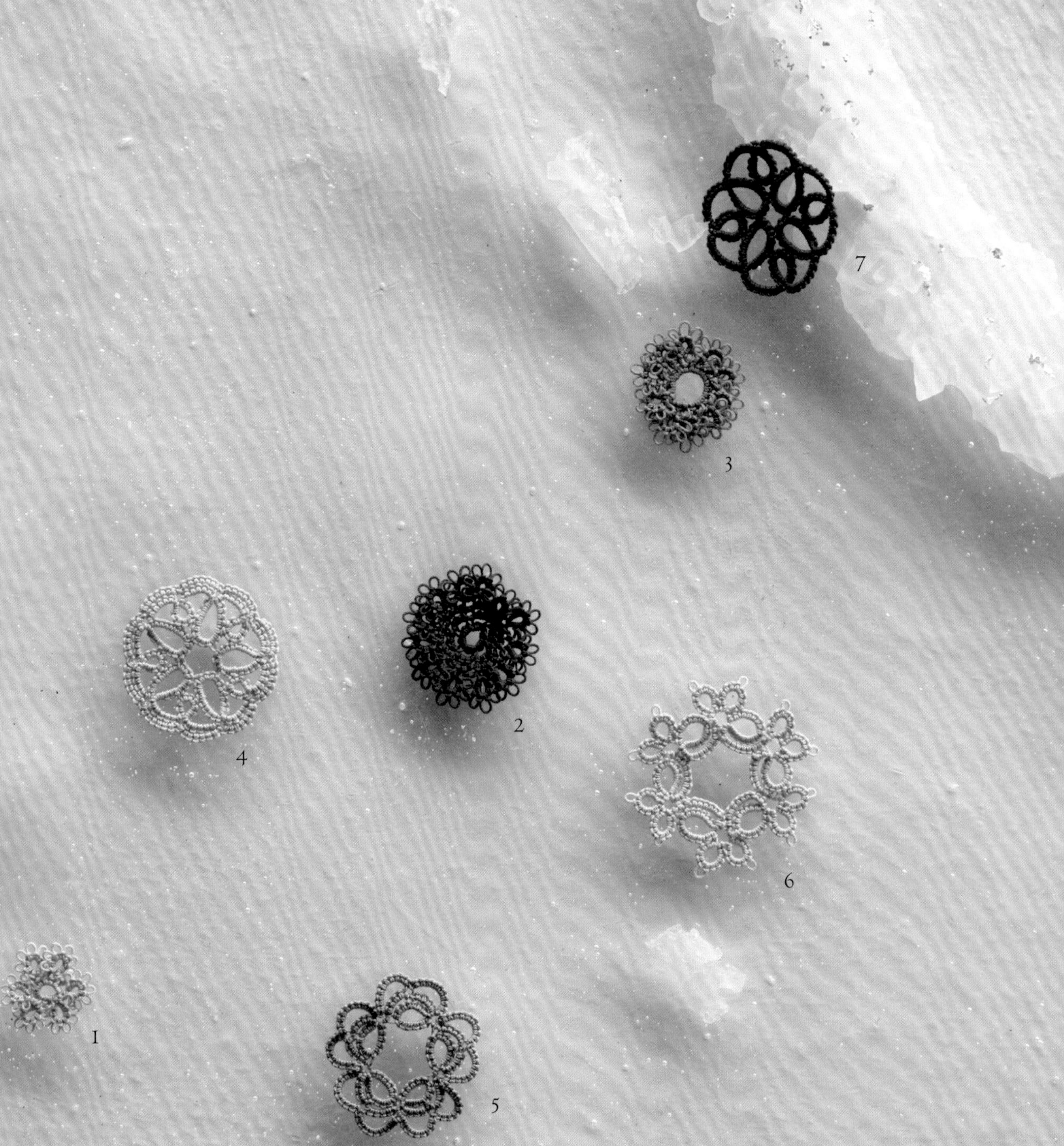
7
3
4
2
6
1
5

每个圆形花片上都缀满了小耳，
将这些花片连接起来可以制作成戒指和手链，
毛茸茸的感觉可爱极了。

制作方法→p.68

10

将不同设计的花片随机地叠放在一起，
使整体更具层次变化。

制作方法→p.68

Ⅳ

串珠花片

下面将用到大量的串珠和珍珠。刚开始学习梭编蕾丝时，觉得在梭编中加入串珠更难一些，总是望而却步。但是开始使用串珠后，就发现乐趣倍增。光是考虑线材的颜色和串珠的组合，就让人跃跃欲试。花片中加不加串珠给人的感觉完全不同，对比着看也很有意思。

制作方法→p.70

2

3

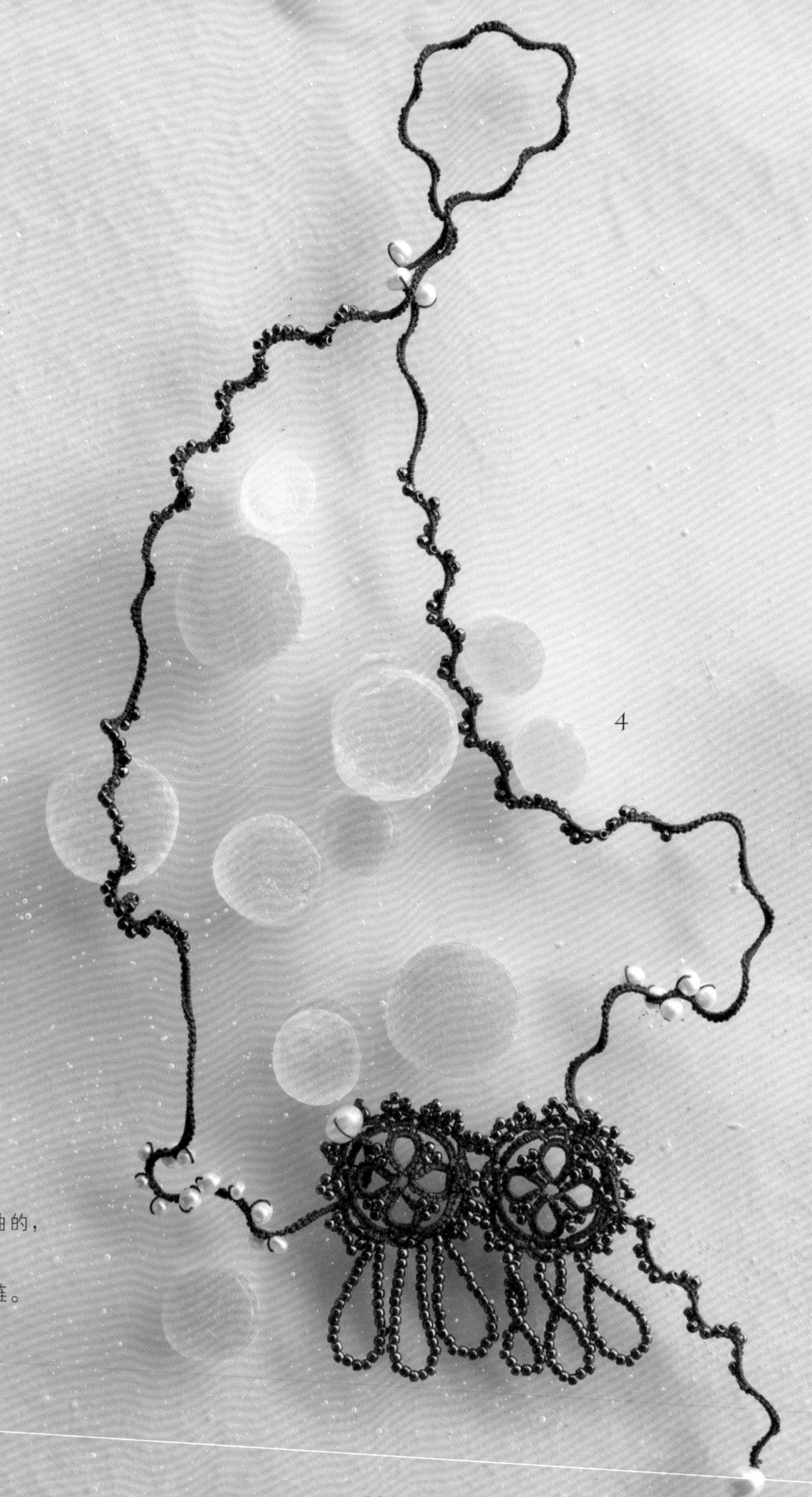

4

加入串珠编织的细绳弯弯曲曲的，
穿在花片上可以制作成项链。
绕在手腕上，还可以当作手链。

制作方法→p.70

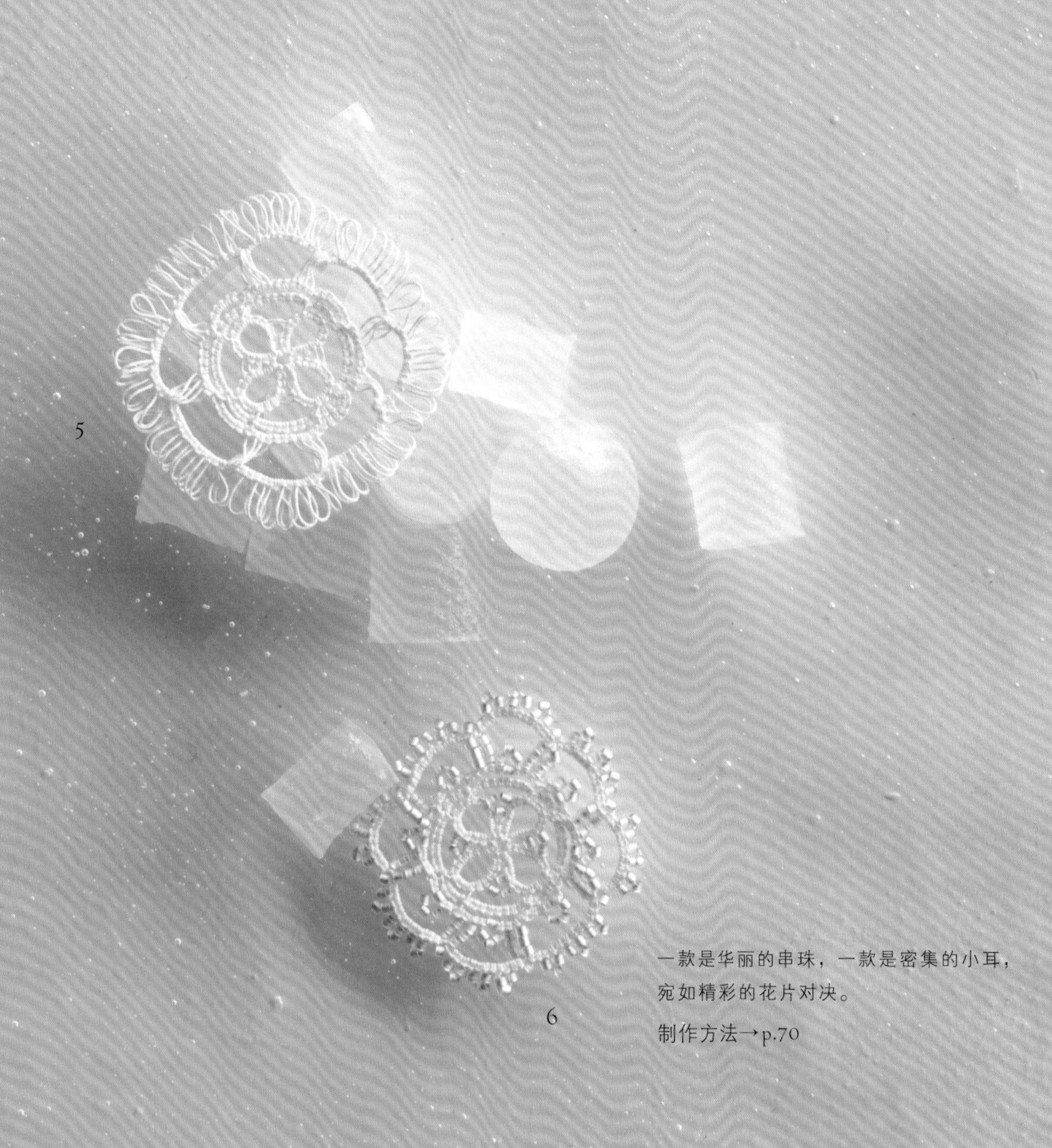

5

6

一款是华丽的串珠，一款是密集的小耳，
宛如精彩的花片对决。

制作方法→p.70

V
洋葱环

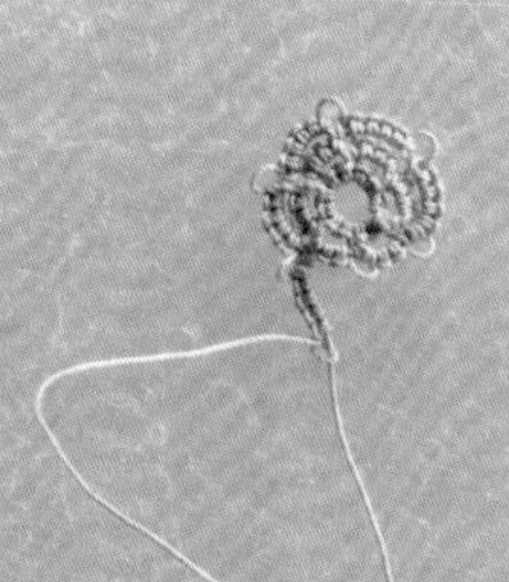

如蕾丝般细腻的花片当然很精美，不过紧实的设计也非常讨人喜欢！一圈一圈层叠的环和桥像极了洋葱的切面，取名为"洋葱环"再合适不过了。这里尽可能将平面部分设计得多了一点。需要注意的是，纯色花片和配色花片在编织方法上略有不同。

制作方法→p.72

4
3
2
1

Ⅵ

方块饰带

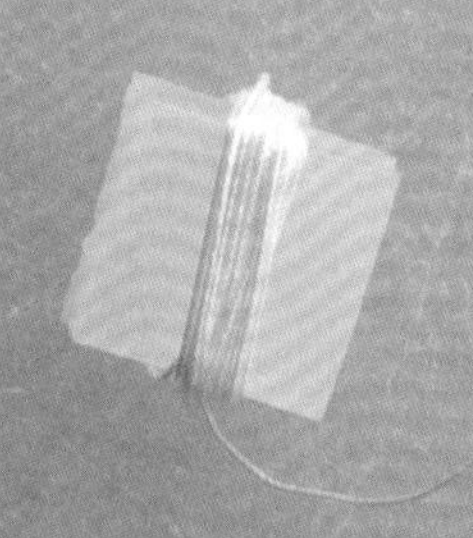

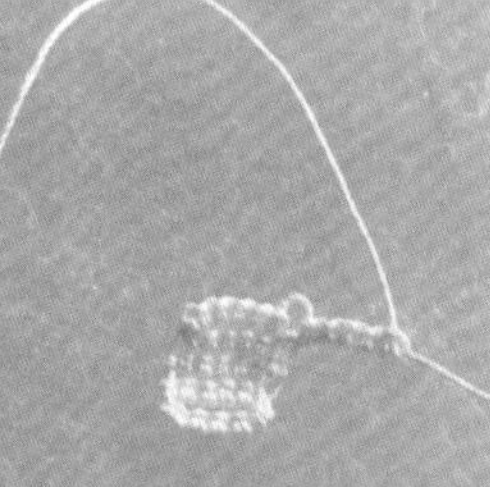

连接小小的四边形花片，可以编织出方块饰带。本想制作类似于镶边效果的梭编蕾丝，于是想到了饰带，它除了用于装饰边缘，还可以用来创作其他作品。混合色调给人轻快的感觉，纯色则显得自然朴实。这里将饰带制作成了手链，大家也可以根据需要进行改编。

制作方法→p.74

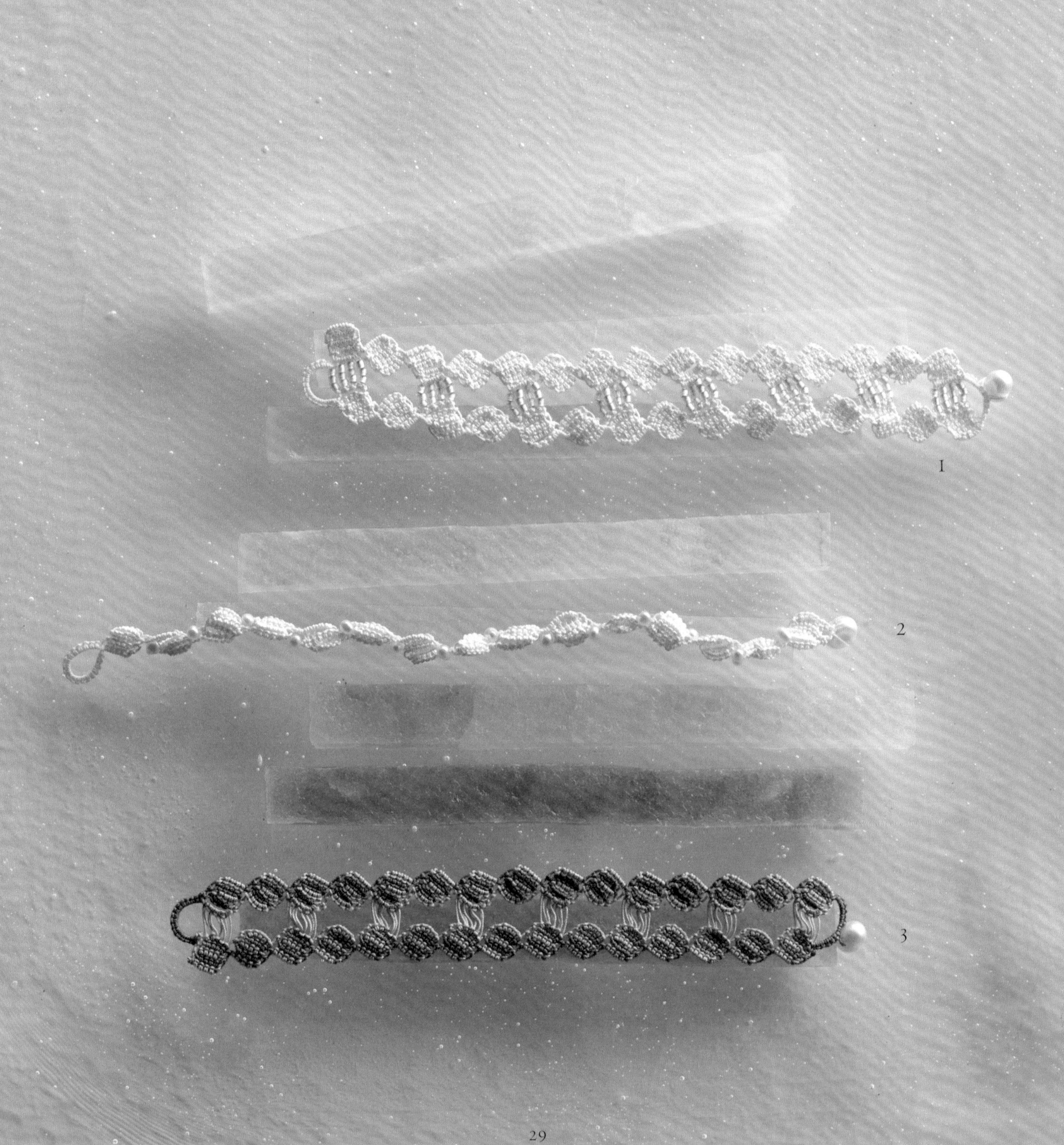

1
2
3

简洁的白色手链在长耳中加入了串珠，
显得更加精美。

制作方法→p.74

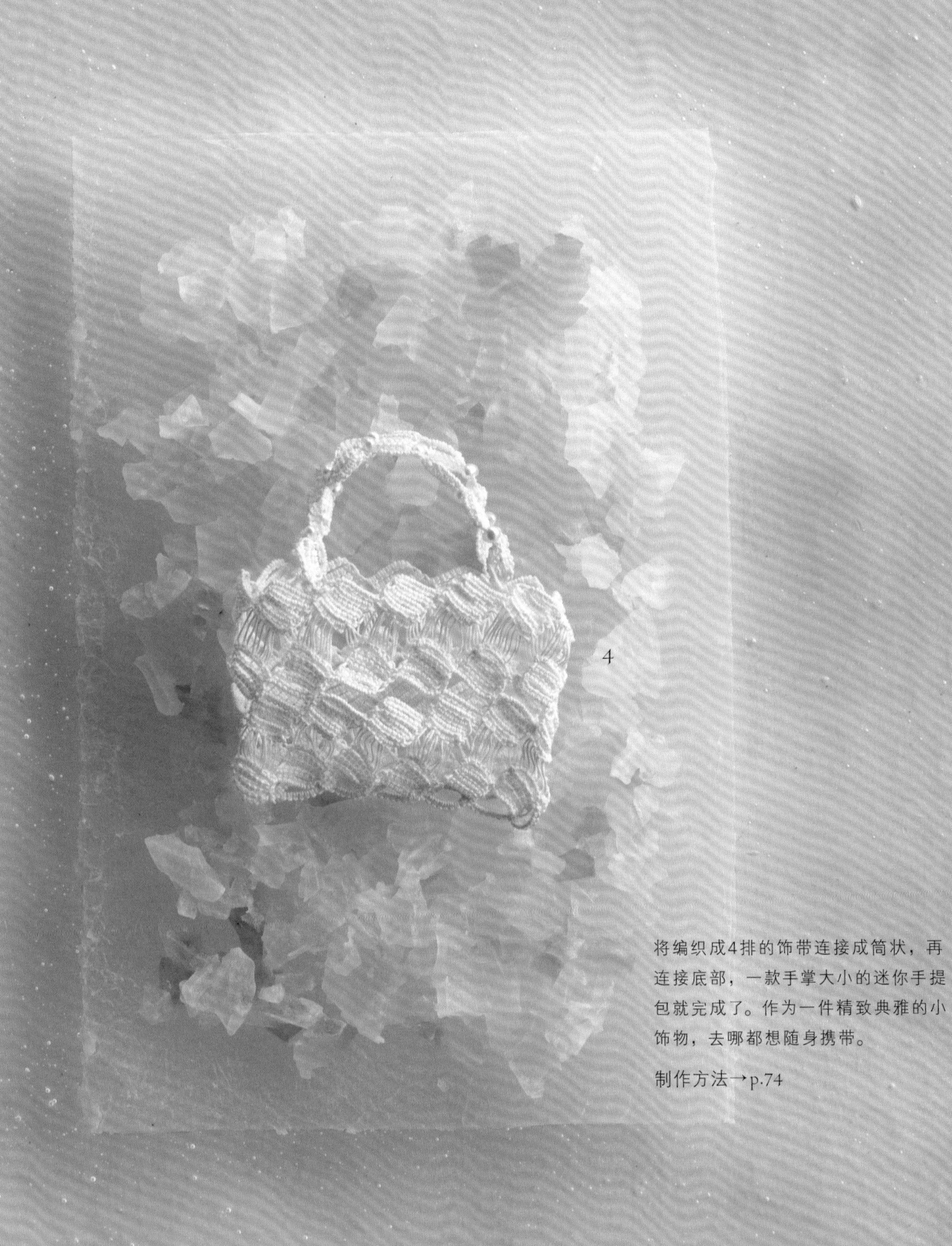

将编织成4排的饰带连接成筒状，再连接底部，一款手掌大小的迷你手提包就完成了。作为一件精致典雅的小饰物，去哪都想随身携带。

制作方法→p.74

Ⅶ

分裂环

下面介绍的是交替使用2个梭子、一凹一凸连续编织的分裂环。使用哪个梭子、朝哪边编织，一开始似乎很容易弄错，但是随着编织的进展，不知不觉环就连接在一起形成了花片，真是不可思议。如果初次挑战分裂环，在梭子上缠绕不同颜色的线编织或许更容易理解。

制作方法→p.76

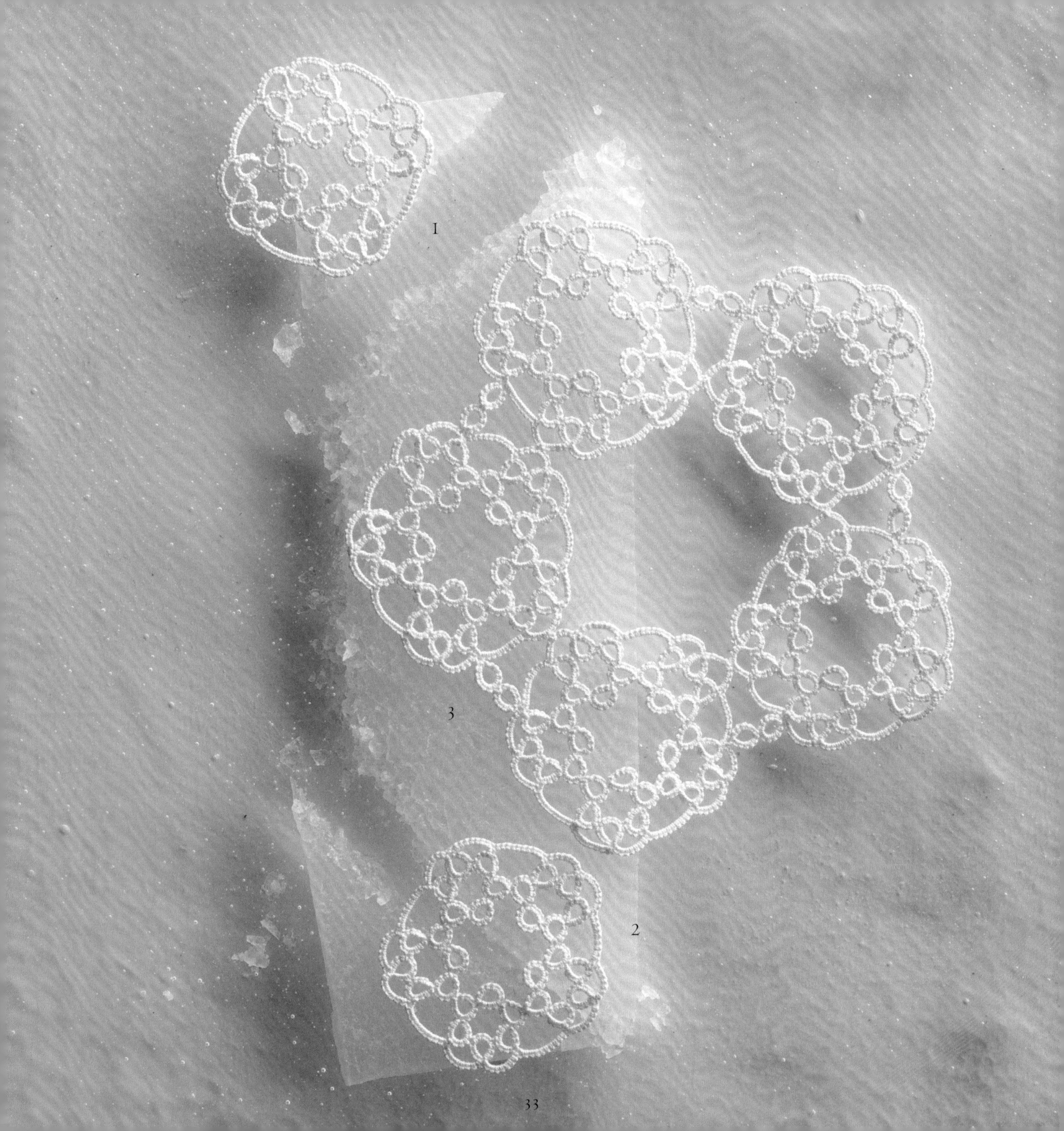

1
3
2

Ⅷ

正方形花片

在街上偶尔看见的花砖色彩丰富，图案精美，或者排列有序，或者随机摆放，相邻花砖之间偶然形成新的花样……我由此受到启发，尝试设计了这些花片。乍看起来好像很复杂，其实是用2个梭子一气呵成地连续编织。接下来要连接哪儿来着？像这样困惑的时刻也充满了幸福感。

制作方法→p.78

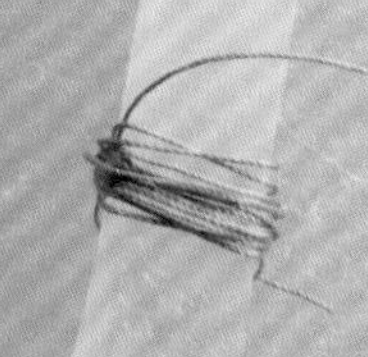

2
1

将正方形花片连接成立体的迷你盒子。
想一想放入什么东西好呢？

制作方法→p.79

3

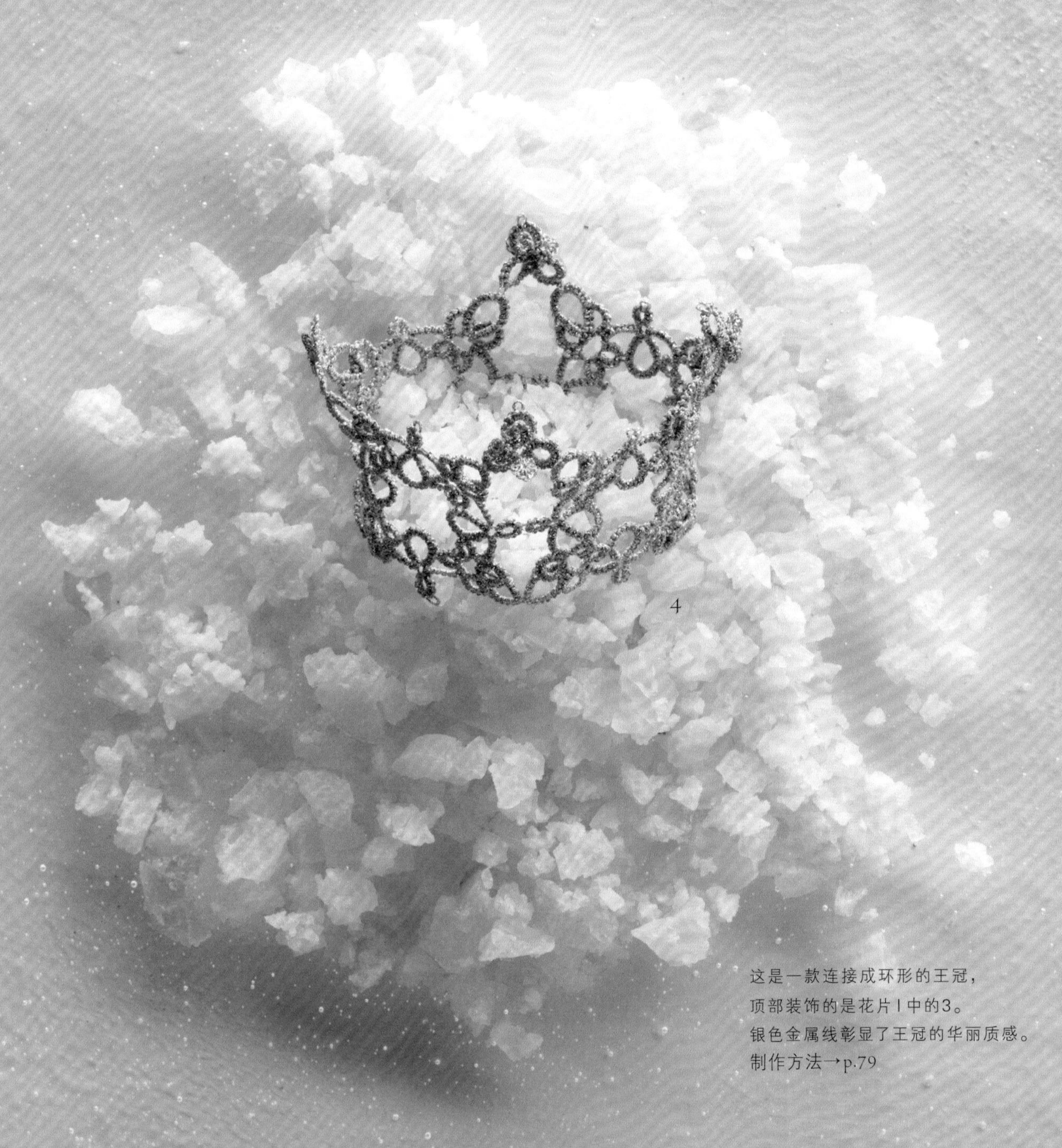

这是一款连接成环形的王冠，
顶部装饰的是花片I中的3。
银色金属线彰显了王冠的华丽质感。
制作方法→p.79

小饰物

下面将本书介绍的花片制作成了饰品，以小饰物的方式展示给大家。将一针一针精心编织的花片制作成耳坠、胸针和戒指，它们是世界上独一无二的宝贝。编入串珠的方法、花片的连接方法、配件的安装……发挥自己的创意，享受创作的乐趣吧！

制作方法→p.77

1
2
3
4
5
6

制作前的准备

首先，请准备好梭编蕾丝所需要的材料和工具。

关于蕾丝线

蕾丝线的号数表示线的粗细。比如30号和40号等，数字越大，线就越细。另外，即使号数相同，线的粗细也会因厂商不同而有所差异。请多多尝试，找到最适合作品的线材。

本书作品使用的蕾丝线和串珠

（图片为实物大小）

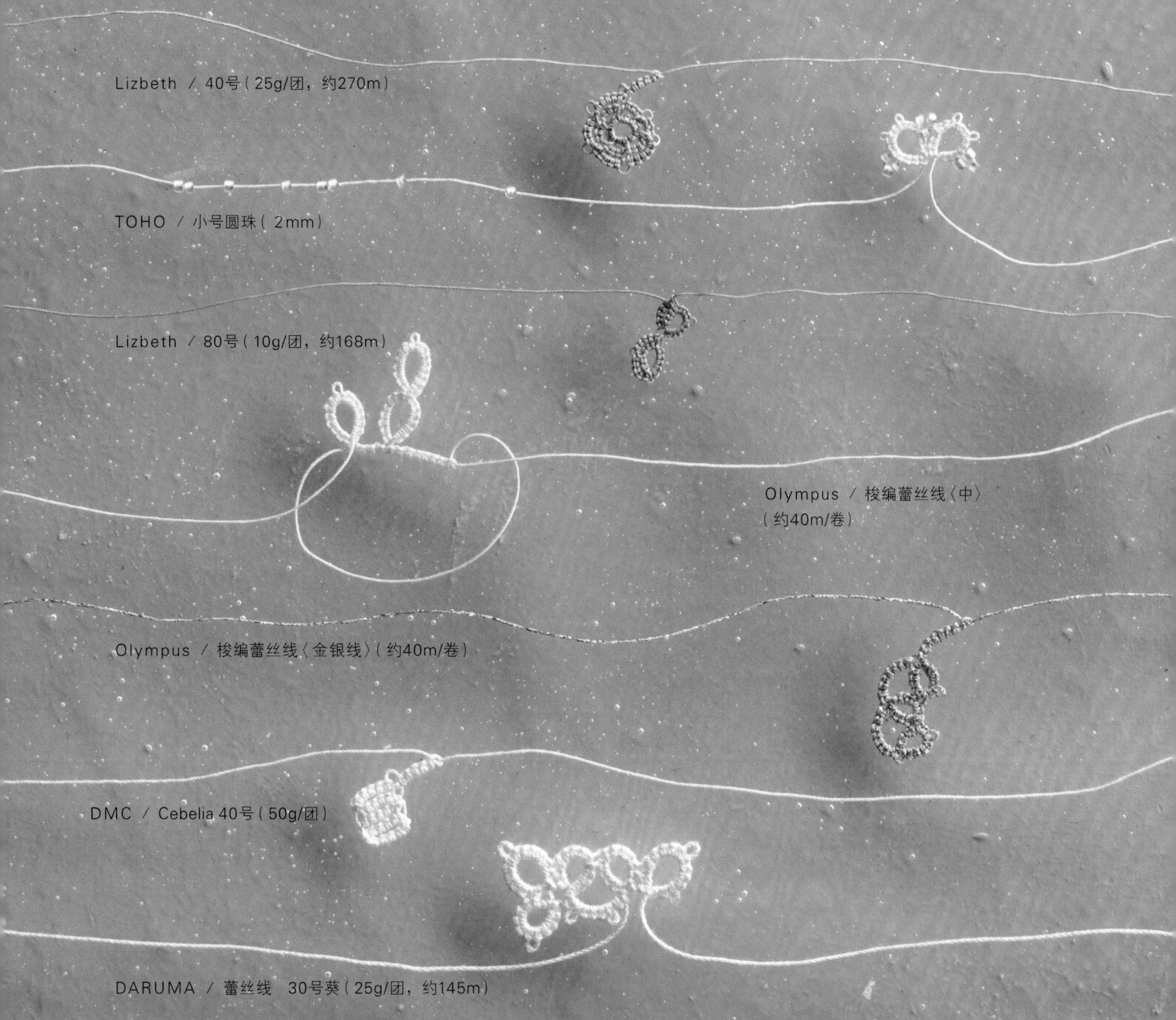

Lizbeth / 40号（25g/团，约270m）

TOHO / 小号圆珠（2mm）

Lizbeth / 80号（10g/团，约168m）

Olympus / 梭编蕾丝线〈中〉（约40m/卷）

Olympus / 梭编蕾丝线〈金银线〉（约40m/卷）

DMC / Cebelia 40号（50g/团）

DARUMA / 蕾丝线 30号葵（25g/团，约145m）

工具

下面介绍的是梭编蕾丝所需要的工具。

a	梭子	顶端带有尖角的船形梭子，在手上的挂线之间穿梭编结。
b	蕾丝针	无法插入梭尖的细小部位，可以用蕾丝针进行操作和处理。蕾丝针为12号左右。
c	剪刀	建议使用头部尖细、比较锋利的手工专用剪刀。
d	锁边液	用于线头处理，防止绽线。涂胶后不使线变色、能快速干燥的锁边液比较好用。
e	耳尺	可以统一耳的大小。连续编织相同大小的耳时，使用耳尺会非常方便。
f	回形针	在编织起点制作一个小耳，或者为了防止穿在耳上的串珠脱落时，可以用回形针加以固定。
g	串珠针	在花片中编入串珠时，需要在编织前先用串珠针将串珠穿在线上。

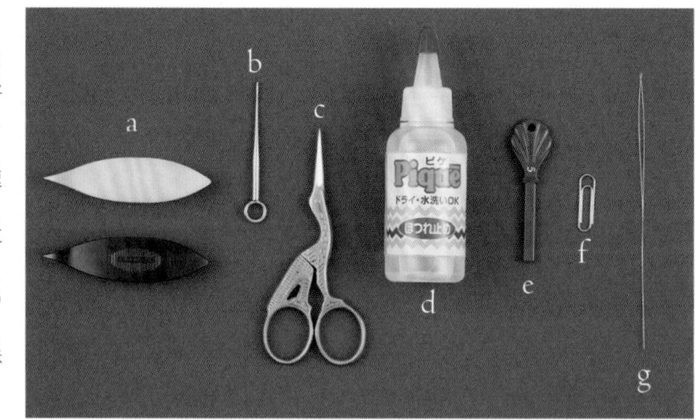

缠线方法

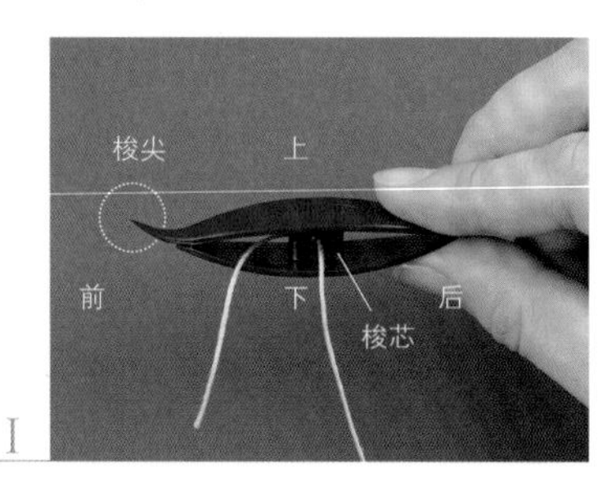

将线穿入梭芯。

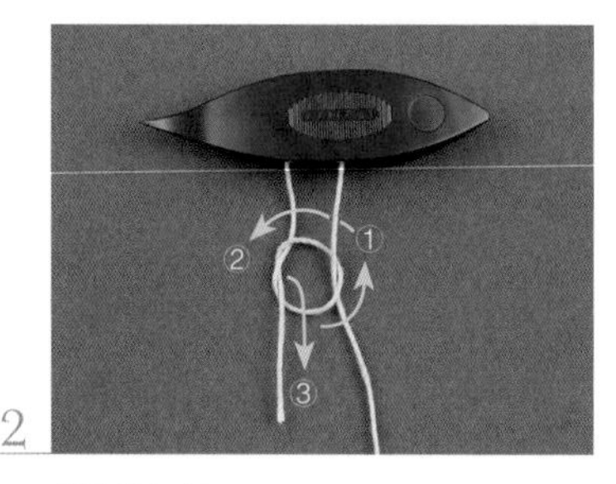

用线头打结。

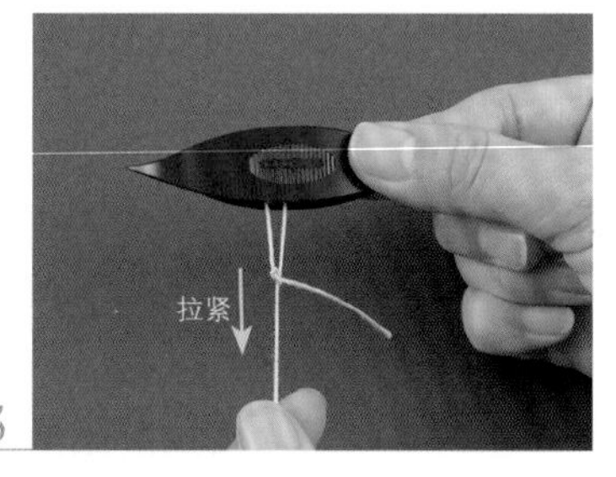

拉动线团一端的线，将线结移至梭子内侧。

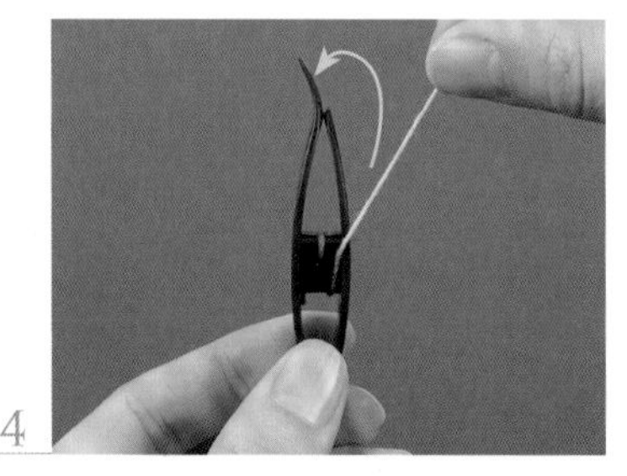

将梭尖朝向左上方，竖起梭子拿好。从前往后缠线。

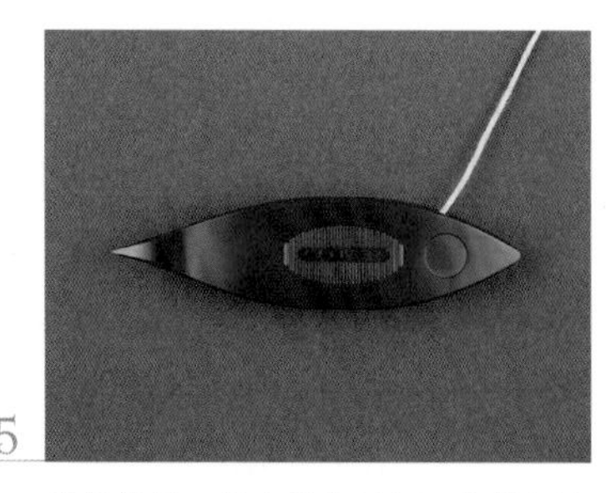

缠好线后，梭尖朝左放置，将梭子上的线从右上方拉出。

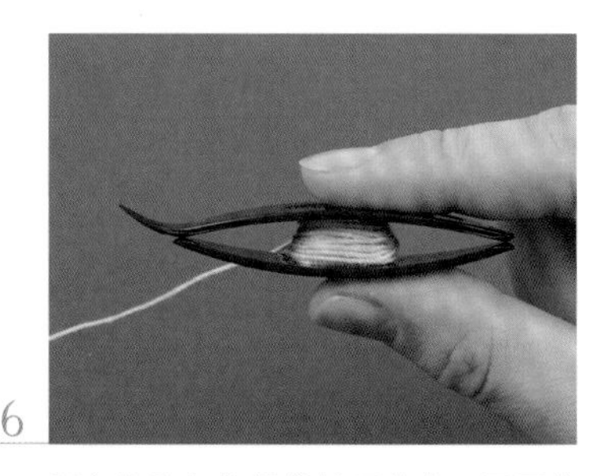

用食指和拇指捏住梭子的上下两面并拿好。

基础针目和编织方法

基础知识 I　基础结的编织方法〈桥〉

梭编蕾丝的针目由缠绕在芯线上的下针和上针构成。1针下针和1针上针为1组，计为1针（1个结），这个就叫作1个基础结。

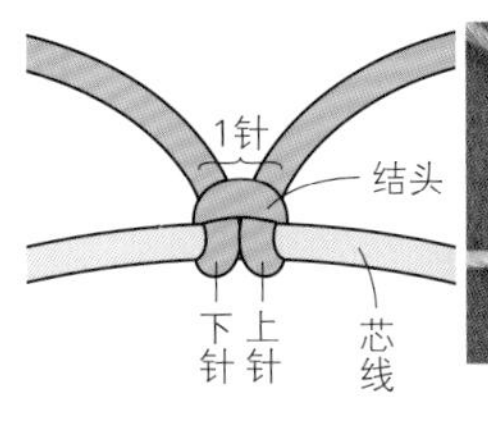

1针

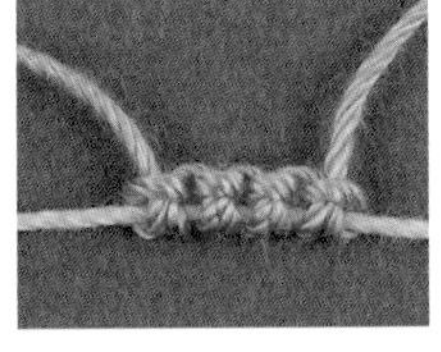
4针

◆下针

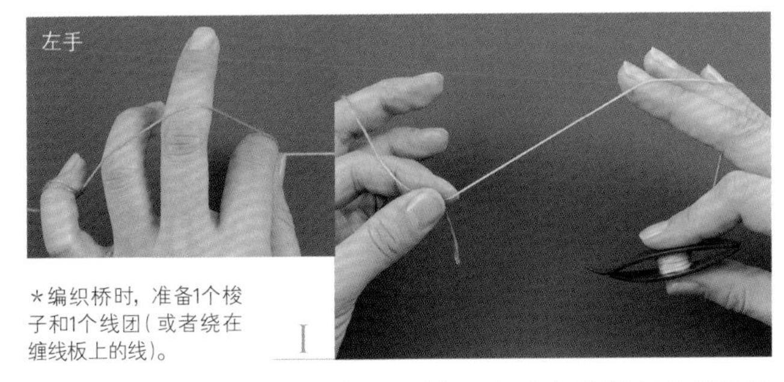

*编织桥时，准备1个梭子和1个线团（或者绕在缠线板上的线）。

1 左手用食指和拇指捏住梭子和线团的线头，将线挂到手背上，然后绕在小指上。右手将梭子的线挂在手背上。

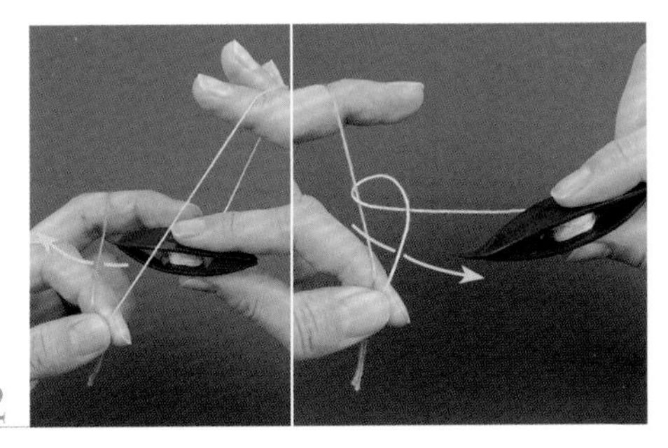

2 从左手渡线（蓝色）的下方往上滑过梭子，再从前往后穿回梭子。

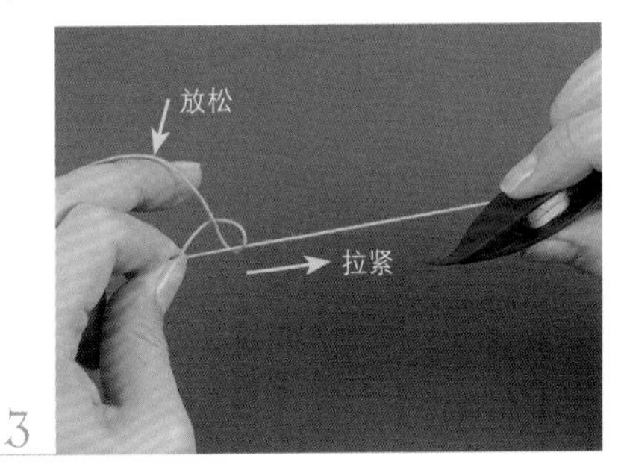

3 放松左手的线（蓝色），拉紧梭子的线（灰色）。蓝色的线就缠在了灰色的芯线上。

4 拉紧蓝色的线，将完成的针目移至指尖。下针完成。

◆上针

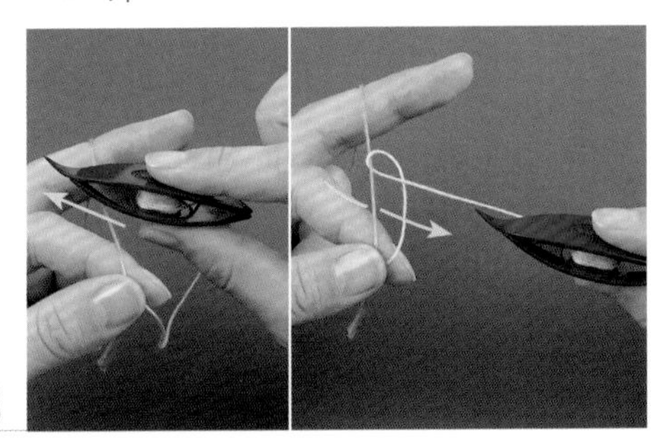

5 右手不挂线，从左手渡线（蓝色）的上方往下滑过梭子。按与步骤2相同的方法，从前往后穿回梭子。

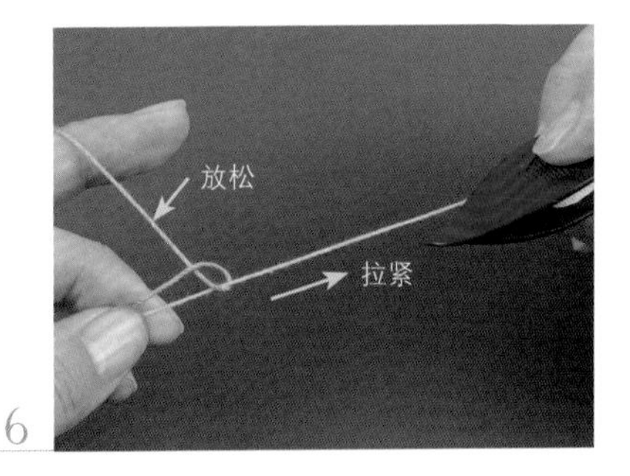

6 放松左手的线（蓝色），拉紧梭子的线（灰色）。蓝色的线就缠在了灰色的芯线上。

7 拉紧蓝色的线，将完成的针目移至下针的边上。上针完成。这就是1个基础结。

编织图的看法

耳
环(正面)
编织方向
编织5针
编织2针
编织起点
小耳
编织终点
— =接耳
—• =最后的接耳

基础知识 2　用1个梭子编织由环组成的花片

这是花片1中的5，由4个环连接而成。
仅由环组成的花片使用1个缠好线的梭子就可以编织完成。
下面就来学习耳、接耳、最后的接耳等基础技法吧。

环的编织方法

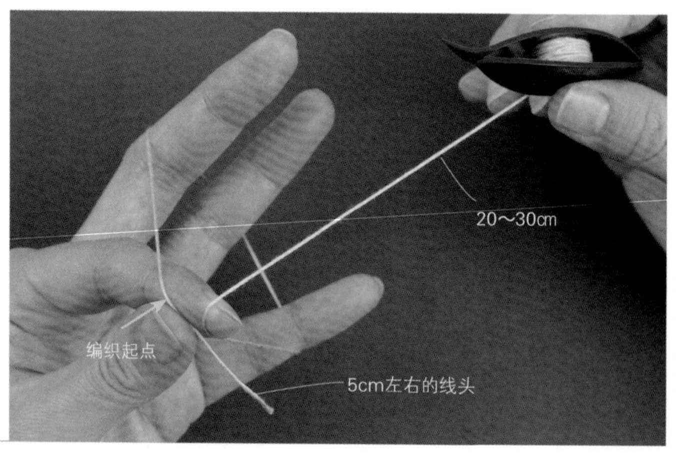

用左手的拇指和食指捏住线头，将线从前往后绕成环形。参照编织图，从环❶的编织起点开始编织基础结(→p.43)。

◆耳

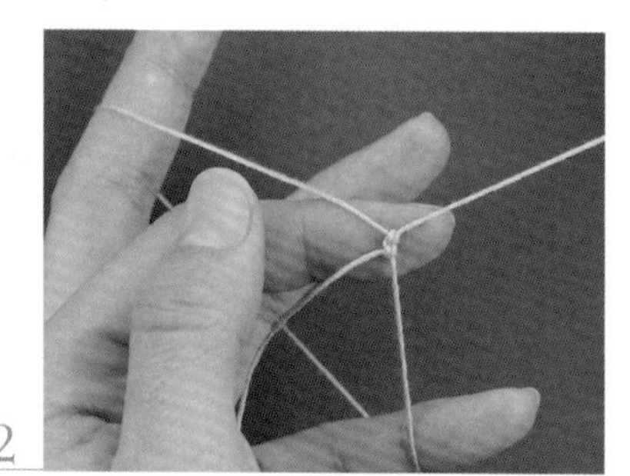

2个基础结完成。

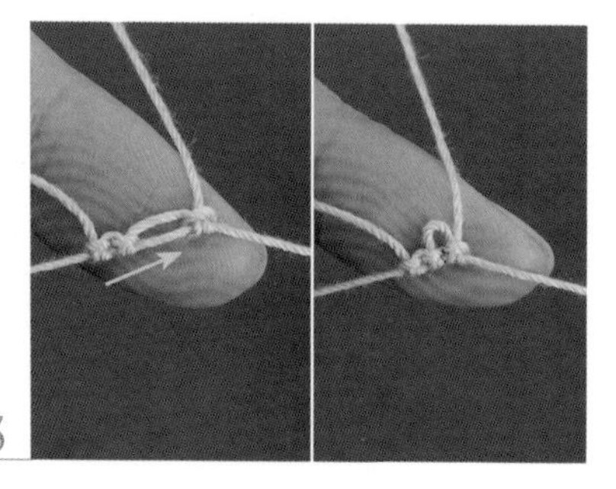

第3针留出1个耳的空隙后编织基础结。将针目聚拢后，耳就完成了。

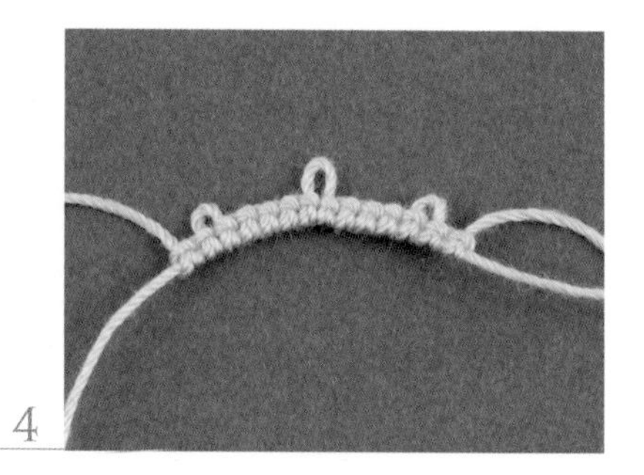

参照编织图，环❶的针目完成。

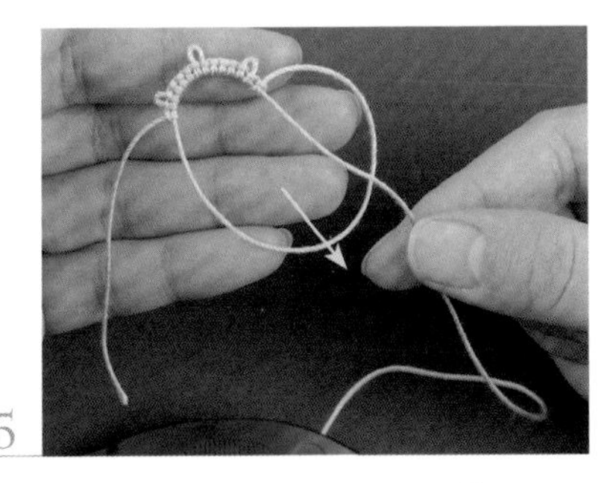

5

捏住编织终点的针目，拉动梭子上的线收紧线环。

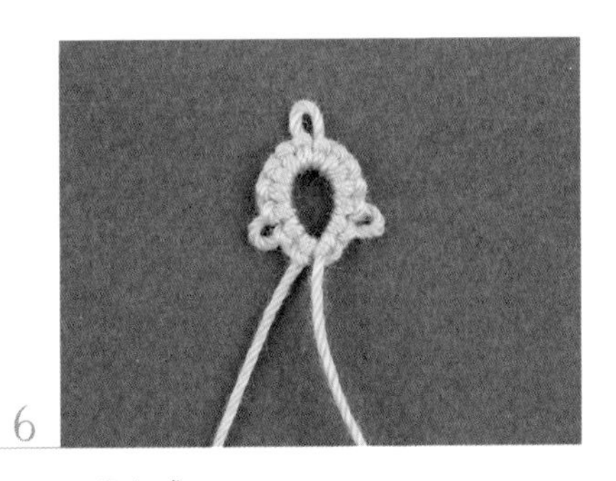

6

环❶完成。

7

接着编织环❷。紧贴着环❶编织下针。

◆接耳

8

编织2个基础结。将环❶待连接的耳放在左手的挂线上。

9

在耳中插入梭尖，从耳中挑出放在左手的挂线。

10

在挑出的线圈中穿过梭子。

11

用左手中指往回拉动挂线，收紧拉出的线圈。

12

将线圈的高度拉至与基础结的高度相同。接耳完成。

13

继续编织1针，接耳处即可更稳定。

◆最后的接耳〈待连接的耳位于右侧时〉

*为了便于理解，图中的环❶换成了不同的颜色

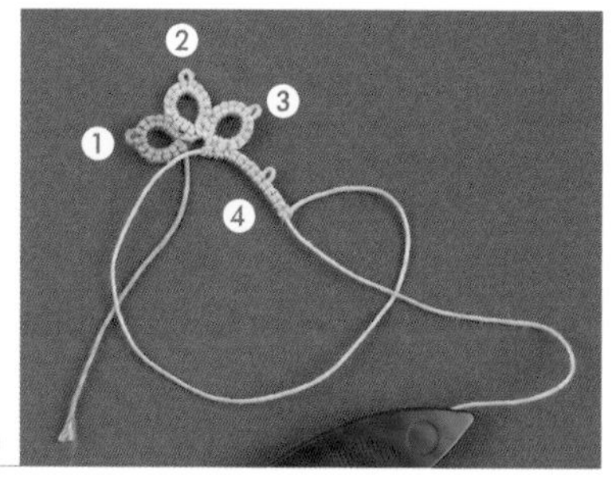

按环❷→❸→❹的顺序一边编织环一边做连接。环❹将与环❶的耳连接成环。

如箭头所示向上翻折环❶，使其反面朝上。

如箭头所示再次翻折环❶，翻至正面。

将环❶待连接的耳放在左手的挂线上。

在耳中插入梭尖将挂线挑出。在挑出的线圈中穿过梭子。

往回拉动左手的挂线，收紧线圈。

将线圈的高度拉至与基础结的高度相同。最后的接耳完成。

保持花片翻折的状态，接着编织剩下的2个基础结。将环收紧后展开花片。

花片完成。将编织起点和编织终点的线头打结，处理线头(→p.47)。

◇最后的接耳〈使用蕾丝针的情况〉

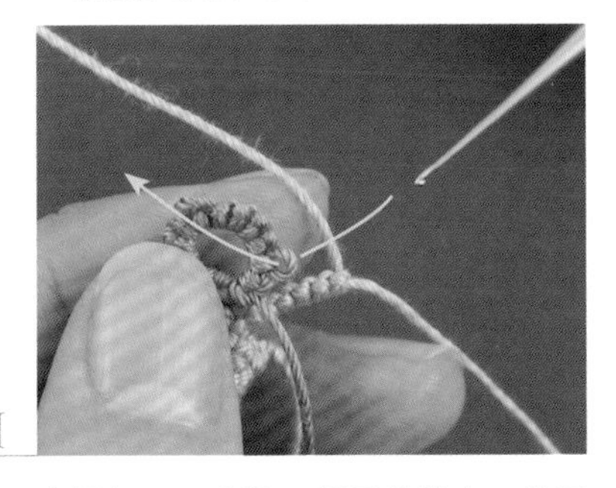

1

这是与p.46步骤16相同的状态。从后往前在耳中插入针头。

2

将左手的挂线从耳中拉出。

3

将拉出的线圈拉长。

4

在线圈中穿过梭子。

5

左手往回拉动挂线，收紧线圈。将线圈的高度拉至与基础结的高度相同。

6

最后的接耳完成。保持花片翻折的状态继续编织。将环收紧后展开花片。

◆处理线头

1

第1次打结时在线环中绕1次线，第2次打结时绕2次线。

2

将锁边液涂在线结上。

3

趁锁边液还没有干透，在线结的边缘剪断线头，将剩余的线头粘在针目的反面。

基础知识 3 用1个梭子和线团编织由环和桥组成的花片

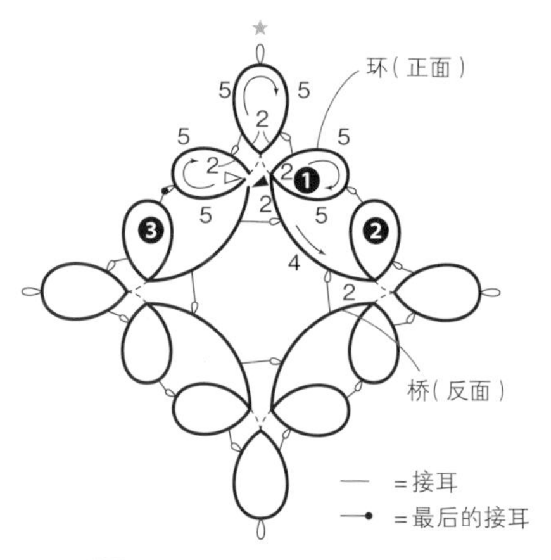

这是花片I中的8，用桥连接3个环组成的小花片。
在环的后面接着编织桥时，将前面编织的环翻至反面重新拿好。
这个动作叫作“翻面”，环与桥的正、反面出现在花片的同一面。
*桥的英文有两种，即chain和bridge。

◆环

1 使用连在一起的梭子和线团开始编织。将线在左手上绕成环形，编织环（→p.44）。

2 用接耳连接的3个环完成。

◆桥

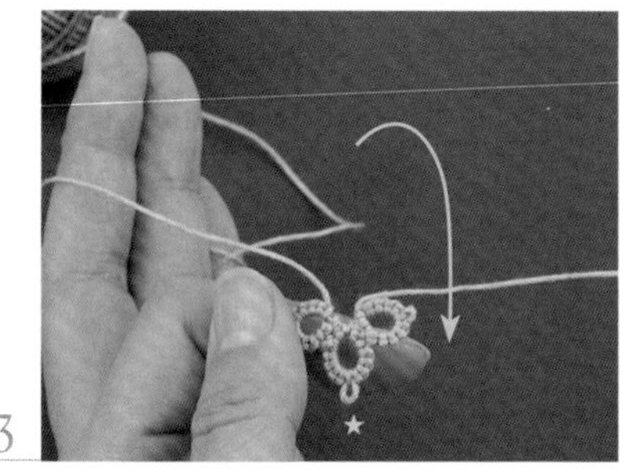

3 将花片翻至反面重新拿好（翻面）。将线团的线挂在左手上，编织桥（→p.43）。

4 紧贴着环❶的编织终点，编织下针。

5 参照编织图，从环❶的编织终点继续编织的桥完成。

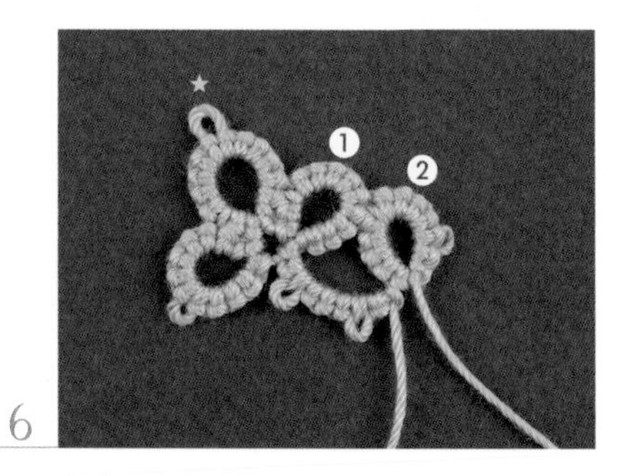

6 将花片翻回正面，编织环。环❷与环❶做连接。按编织图继续编织。

7

接下来编织环❸。

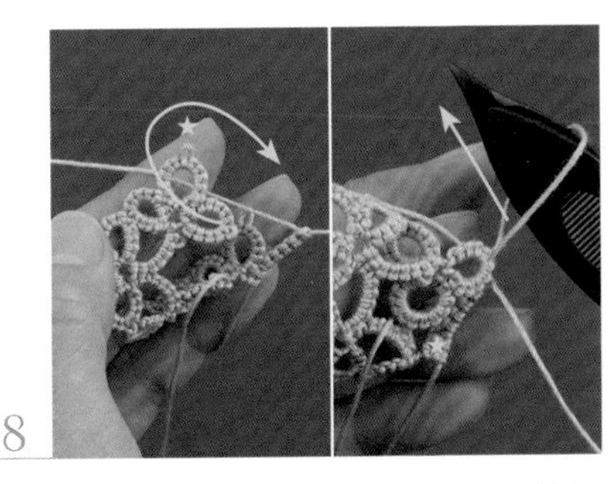

8

环❸按“最后的接耳”(→p.46)与编织起点的环做连接。

9

继续编织环❸，拉动梭子上的线，收紧线环。

10

环❸完成。将花片翻至反面，编织最后的桥。

11

将花片对折后拿好，一边编织一边与相邻的桥做接耳。

12

由环和桥组成的花片完成。

◆处理线头〈编织终点的线头〉

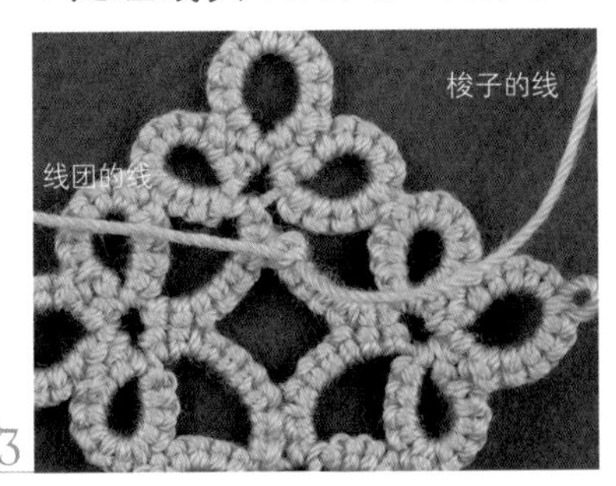

13

这是花片的反面。梭子与线团的线分别留出5~6cm的线头后剪断。

14

在编织起点位置插入蕾丝针，拉出芯线(梭子的线)。

15

将2根线头打结，处理线头(→p.47)。

充满乐趣的各种应用技巧

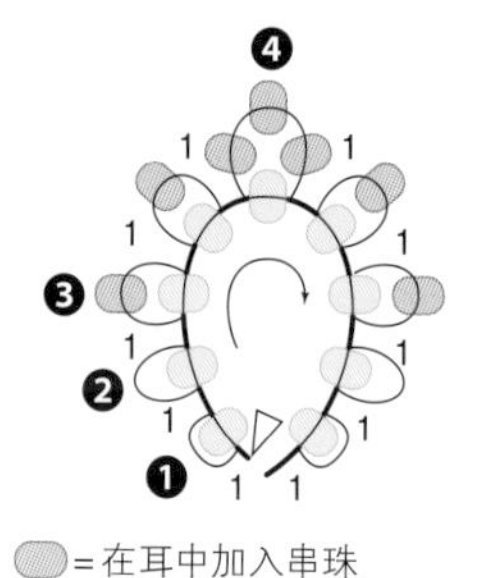

=在耳中加入串珠

=在芯线中加入串珠

在花片中加入许多串珠后，可以打造出华丽的感觉。

下面为大家介绍本书作品中使用的梭编蕾丝技巧和编织方法。

技巧 1

编入串珠〈1〉

在环的芯线和耳中加入串珠

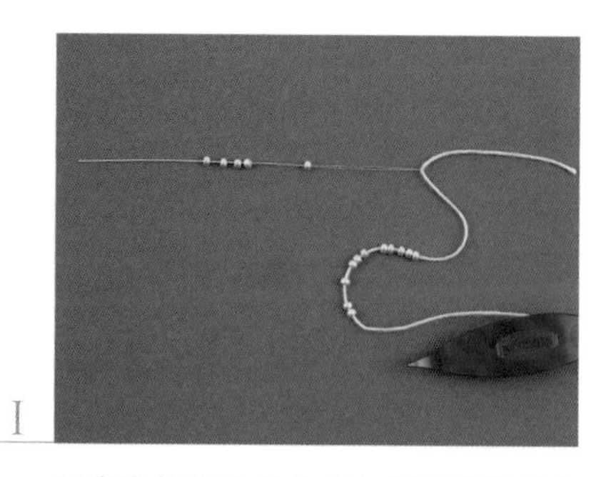

1 预先在梭子的线上穿入所需颗数的串珠。

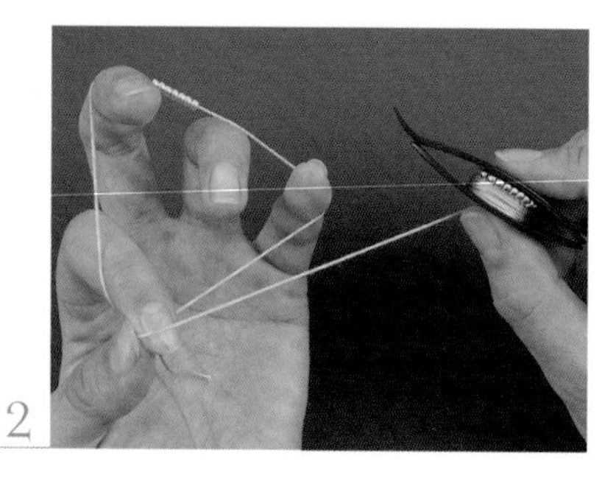

2 将环的耳中所需颗数的串珠移至左手的线环中。

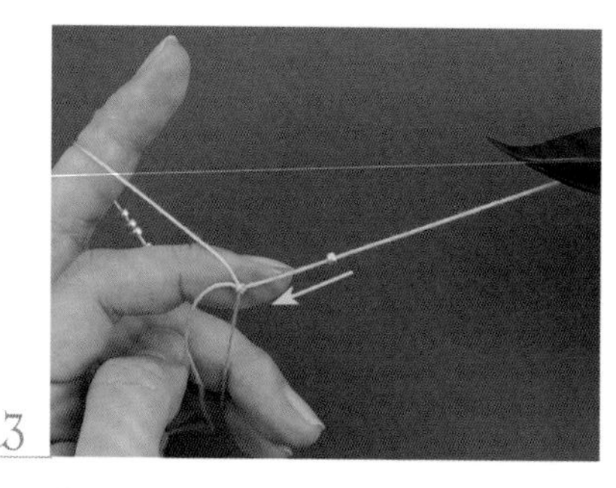

3 编织1个基础结，从梭子上移入1颗串珠❶。

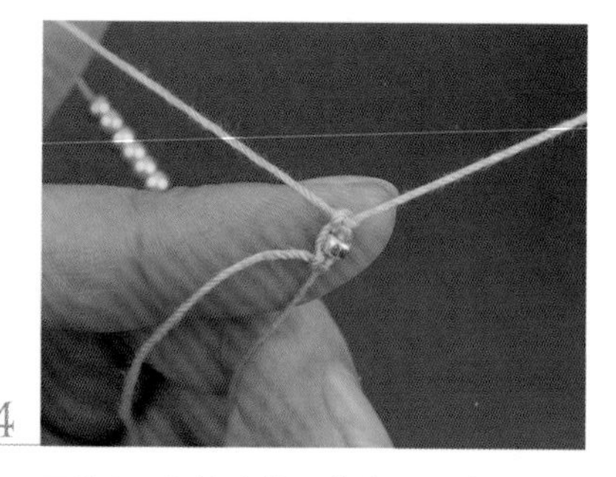

4 再编织1个基础结，芯线上的串珠即可固定。

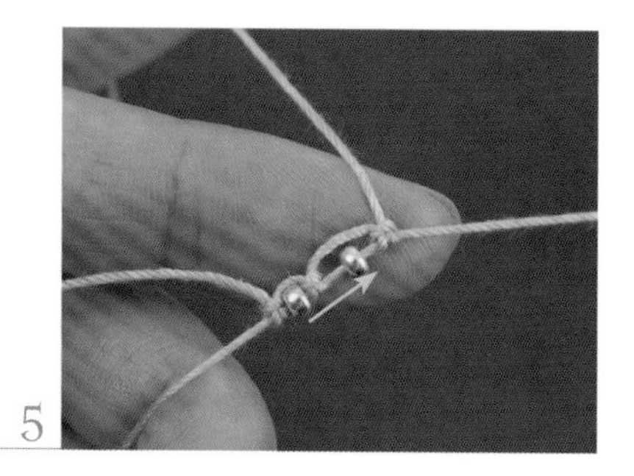

5 在芯线中加入串珠❷。留出耳的空隙，编织基础结后聚拢针目。

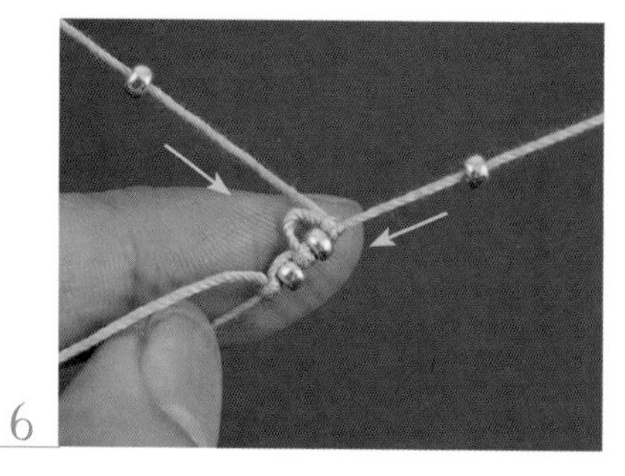

6 从左手的线环和梭子上同时移入1颗串珠❸。

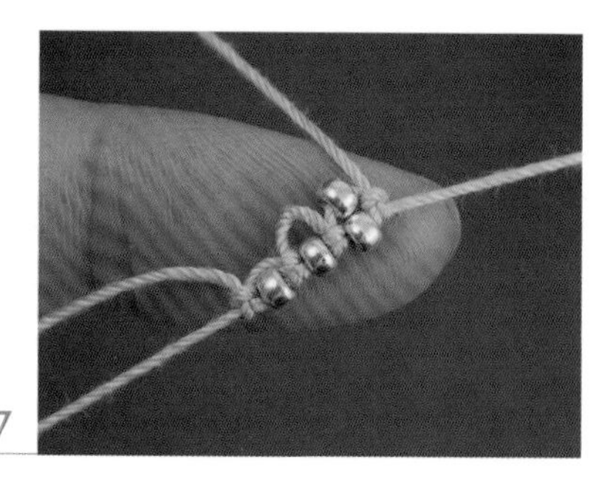

7 再编织1个基础结，就在耳与芯线中加入了串珠。再重复1次步骤6、7。

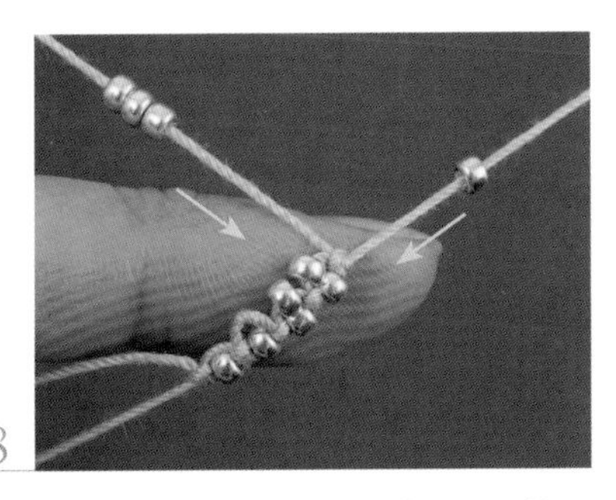

8 从左手的线环上移过3颗串珠，从梭子上移过1颗串珠，为串珠❹。

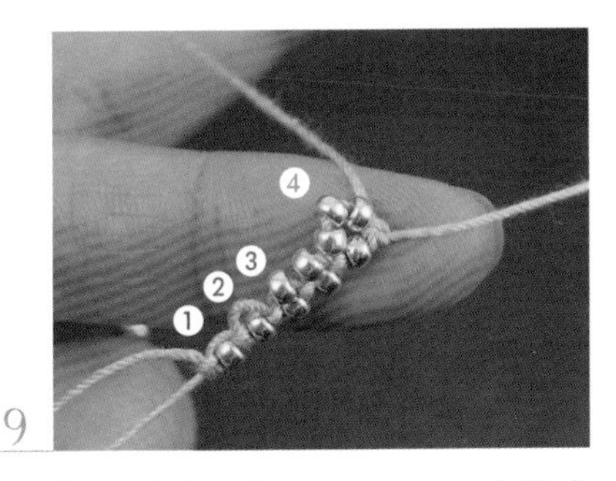

9 编织1个基础结，在耳中加入了3颗串珠，在芯线中加入了1颗串珠。

10 参照编织图继续编织，在耳与芯线中加入串珠的环完成。

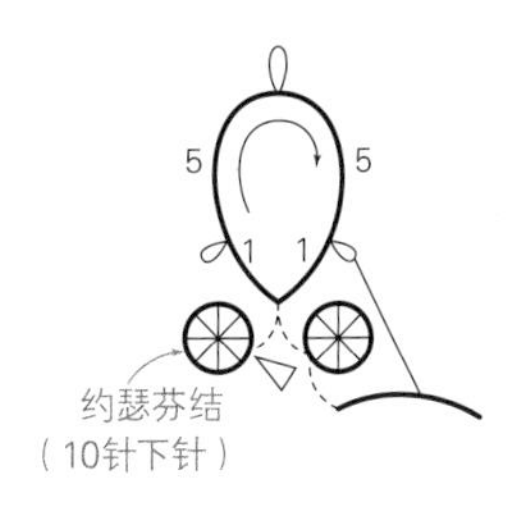

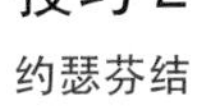

技巧 2

约瑟芬结

小小的约瑟芬结圆圆的，十分可爱。不妨用作花片的点缀。

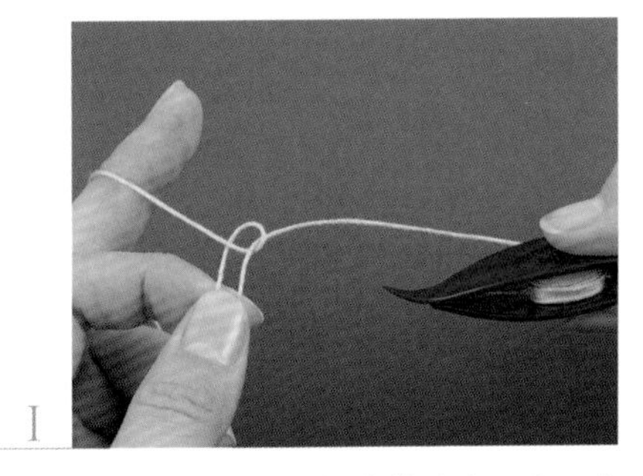

1 按环的编织要领将线挂在左手上，连续编织下针。

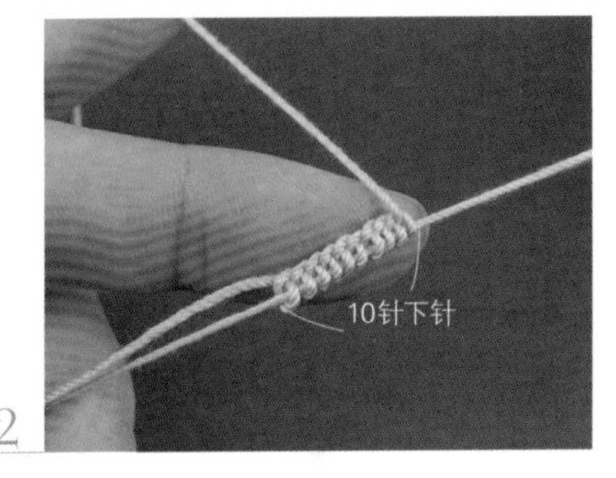

2 编织时稍微松一点，针目的大小统一。编织指定针数的下针。

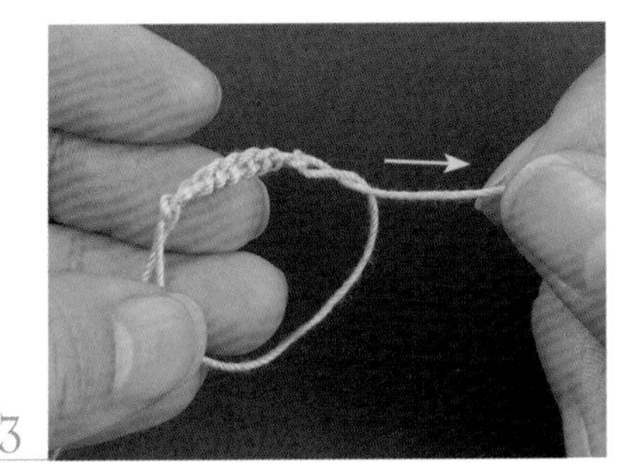

3 左手轻轻捏住针目，右手拉动梭子上的线。

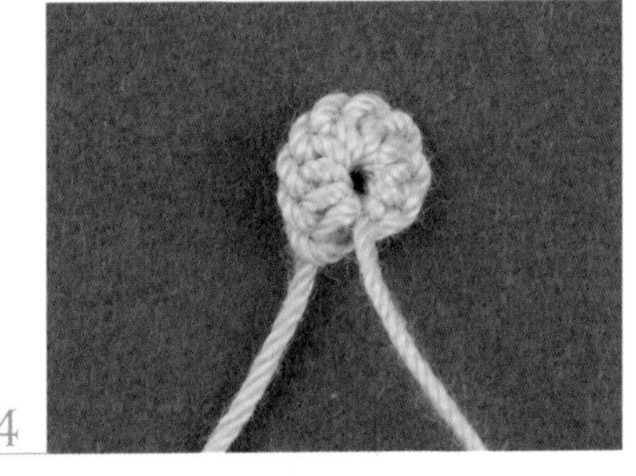

4 收紧左手的线环。10针下针的约瑟芬结完成。

5 参照编织图继续编织，1个环和第2个约瑟芬结完成。

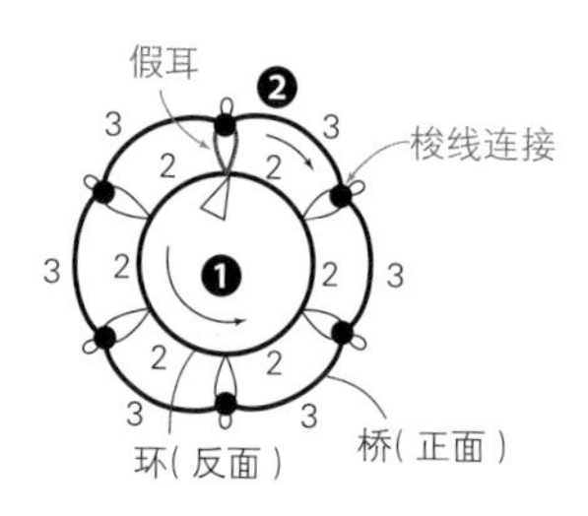

技巧 3

假耳与梭线连接

“假耳”是在环的编织起点位置另外制作的类似耳的线圈，是一种模拟耳。
“梭线连接”是用芯线（梭子上的线）做连接，连接后的针目是固定不动的。

1 准备1个梭子和线团。将线在左手上绕成环形，参照编织图，编织中心的环❶。

◆假耳

*为了便于理解，图中线团的线换成了不同的颜色

2 将环翻面重新拿好，留出耳的空隙，编织下针。

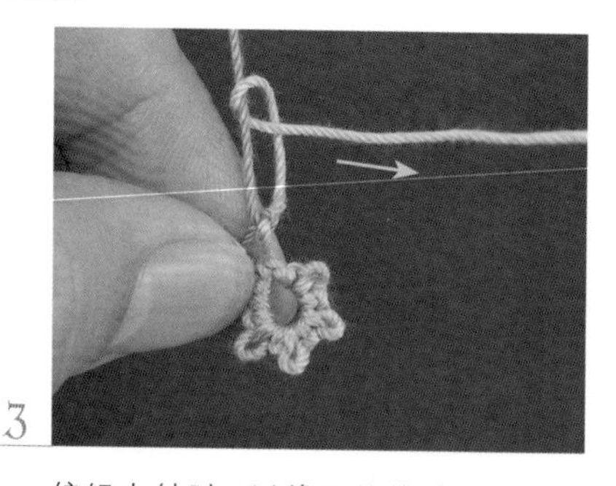

3 编织上针时，以线团的线为芯线，将梭子的线缠在上面收紧针目。

4 这样就在耳的顶部形成了1个固定的结，假耳完成。

◆梭线连接

5 在环的周围编织桥❷。编织3针后，与相邻的耳做连接。

6 将待连接的耳放在梭子的线上，插入梭尖。

7 从耳中拉出梭子上的线。

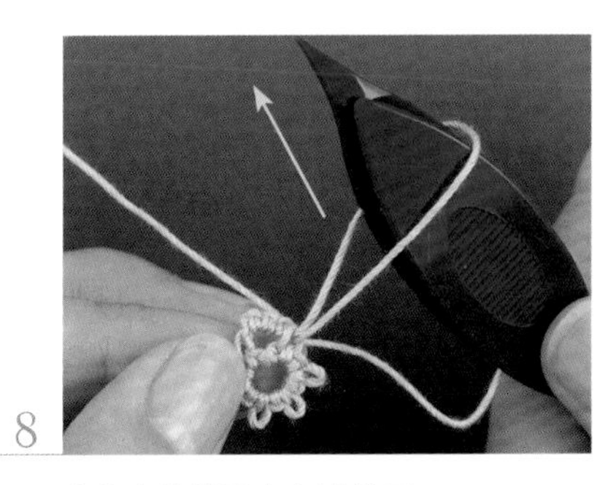

在拉出的线圈中穿过梭子。

拉动梭子上的线，收紧线圈。

将线圈的高度拉至与基础结的高度相同。梭线连接完成。

接着编织1个耳和1个基础结。

再编织2个基础结，在下一个耳中做梭线连接。

在环的周围一边做梭线连接一边编织桥❷。最后在假耳中做梭线连接。

编织环的过程中，
左手的线环缩小时……

轻轻地捏住针目，朝箭头所示方向拉线，
梭子上的线就会被拉入，从而放大左手的线环。

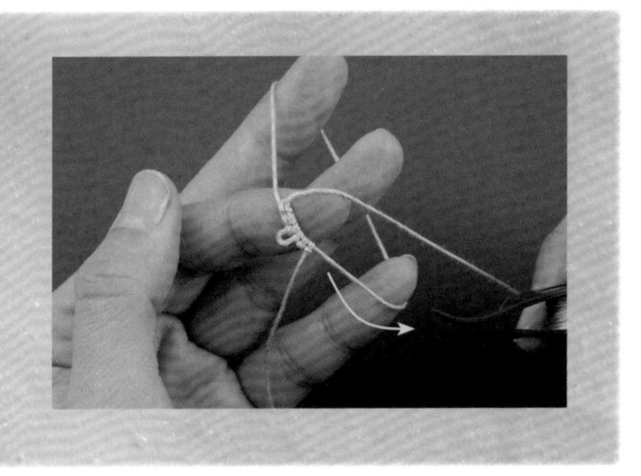

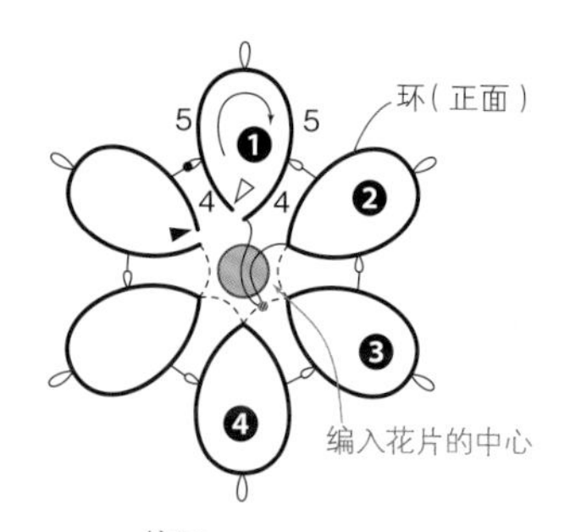

— =接耳

—• =最后的接耳

• =梭线连接

技巧 4

编入串珠〈2〉

在花片的中心编入串珠

除了梭子以外，还会用到铁丝（粗细以对折后可以穿入串珠为宜）、回形针、蕾丝针等工具。

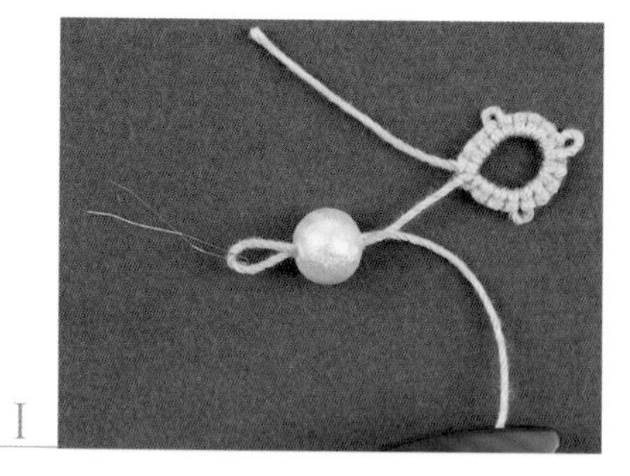

1

将线在左手上绕成环形，编织环❶。用铁丝夹住梭子上的线，将其穿入串珠的小孔中。

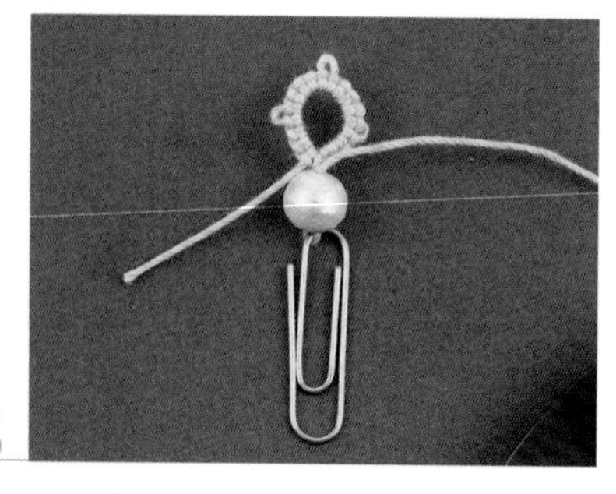

2

为了防止穿入串珠的线松脱，取下铁丝后别上回形针。拉动线，将回形针拉至串珠的边上。

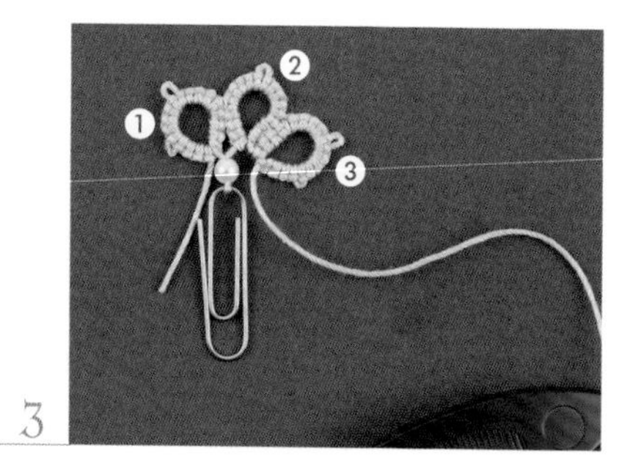

3

接着编织环❷和环❸。

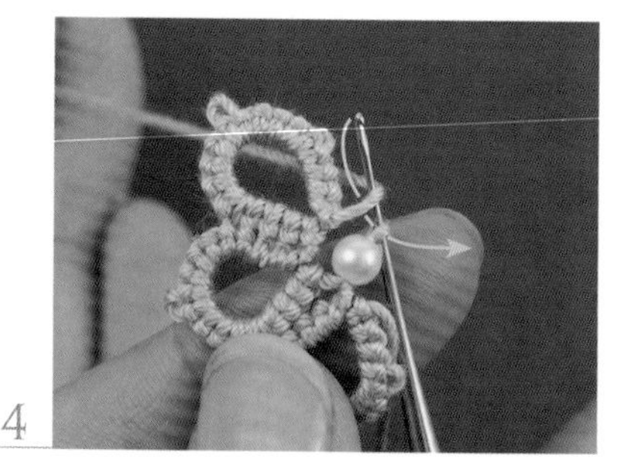

4

取下回形针，在线圈中插入蕾丝针，将梭子上的线拉出。

5

将刚才拉出的线圈拉长，穿过梭子。

6

拉动线收紧线圈，完成梭线连接（→p.52）。

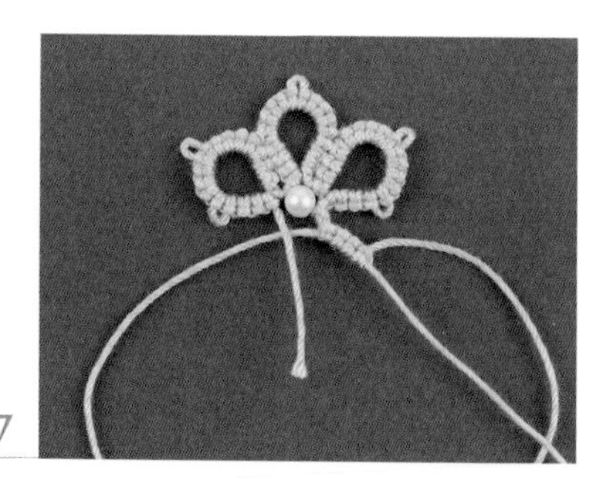

7

这样，串珠就固定在了花片的中心。编织环❹，然后参照编织图继续编织。

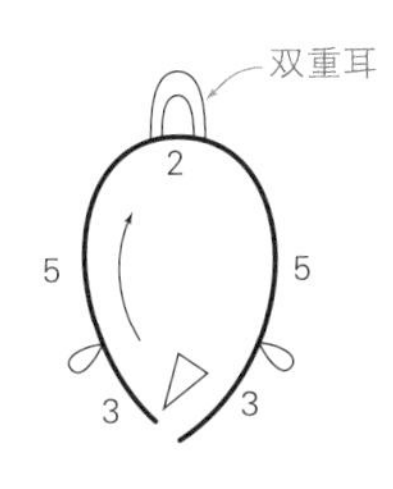

技巧 5

双重耳

这是耳的变化形式。
2个半圆形的耳重叠在一起，给人一种俏皮的感觉。

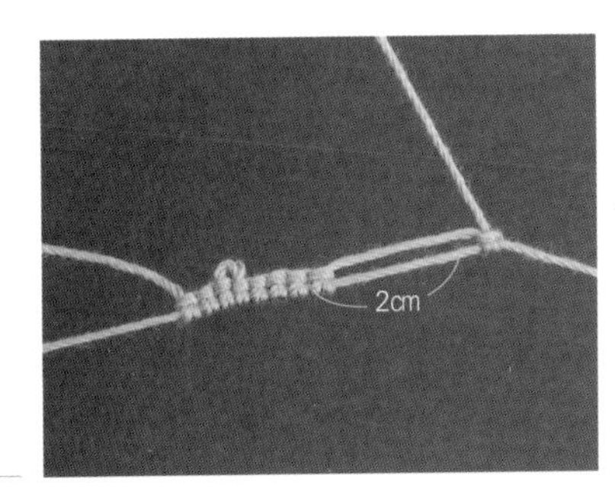

1
将线在左手上绕成环形，开始编织环。在指定位置留出2cm的空隙制作耳。

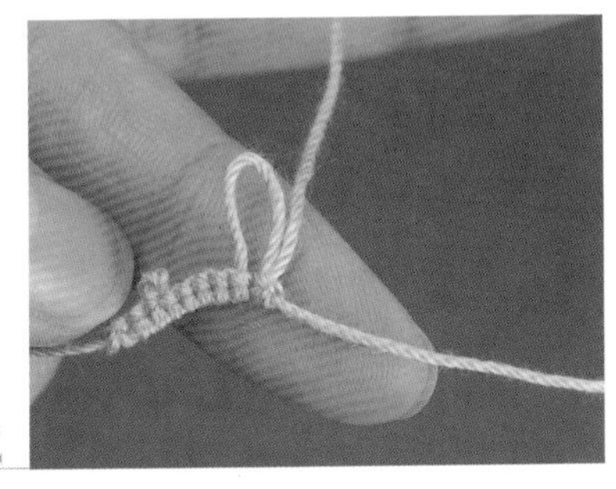

2
高1cm的耳完成。再编织1个基础结。

3
将耳放在左手的线上，用梭尖将线拉出。

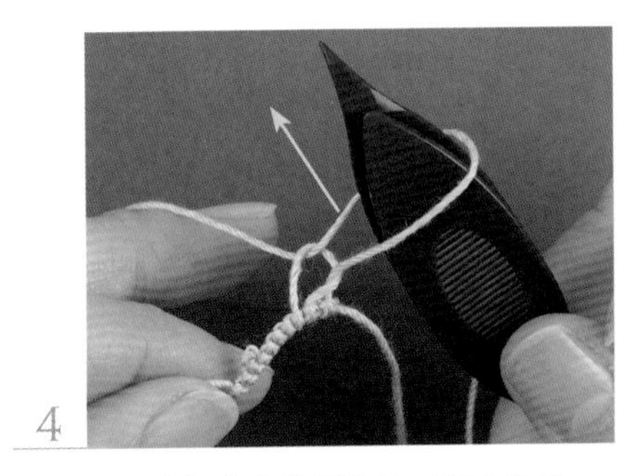

4
将刚才拉出的线圈拉长，穿过梭子。

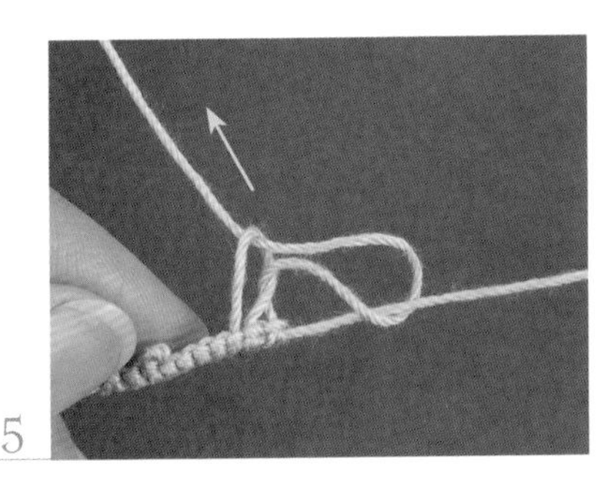

5
拉动左手的线，收紧线圈，完成接耳（→p.45）。

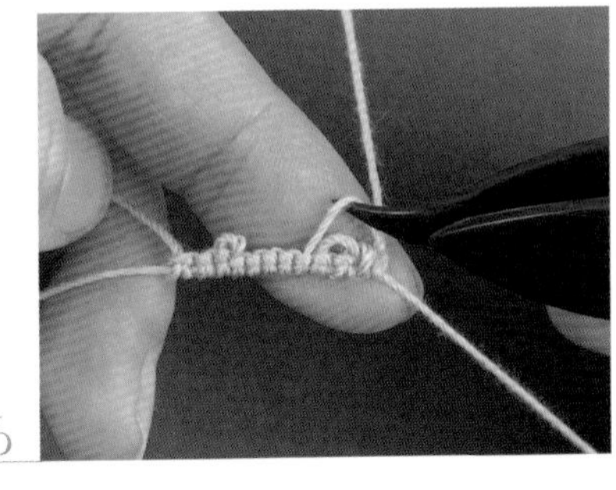

6
用梭尖适当调整耳的形状。参照编织图继续编织。

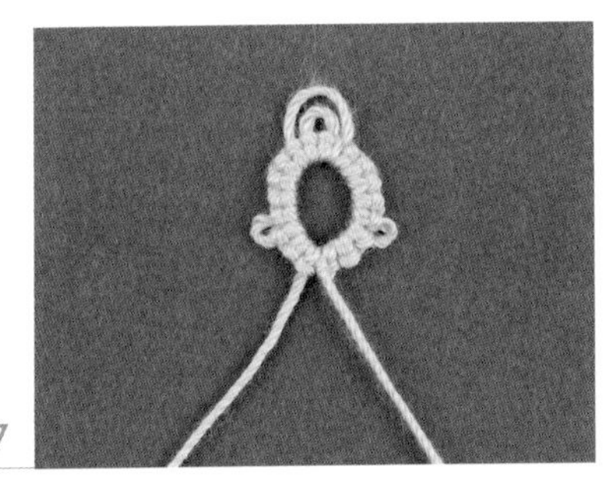

7
带双重耳的环完成。

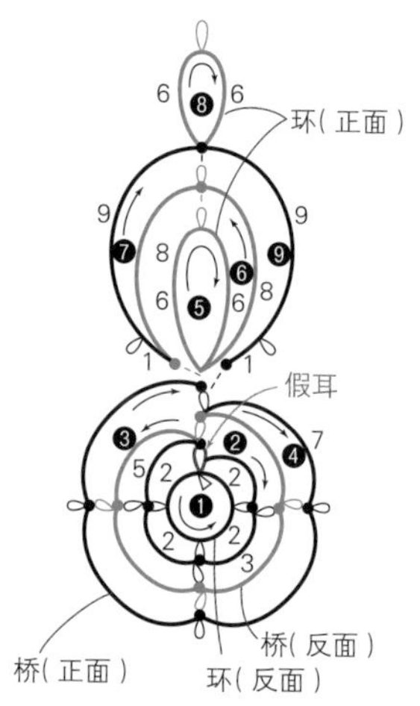

技巧 6

洋葱环

洋葱环是在中心环的周围重叠着编织2层或3层的桥。独特的形状像极了洋葱的切面。

〈配色的情况〉

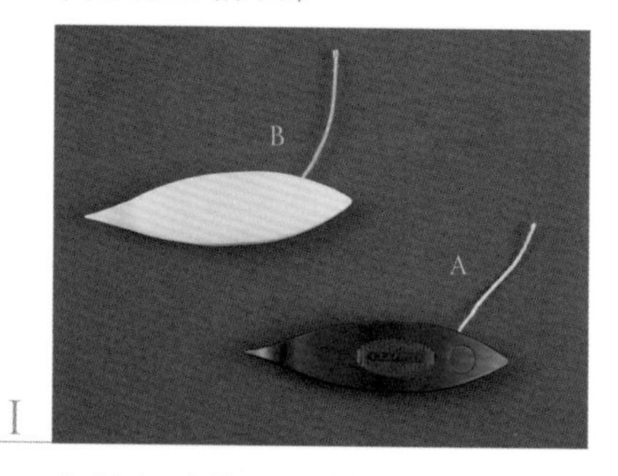

1 分别在2个梭子上缠好配色线。用梭子A编织环❶。

2 将环❶翻至反面重新拿好(翻面)，加入梭子B的线，制作假耳(→p.52)。

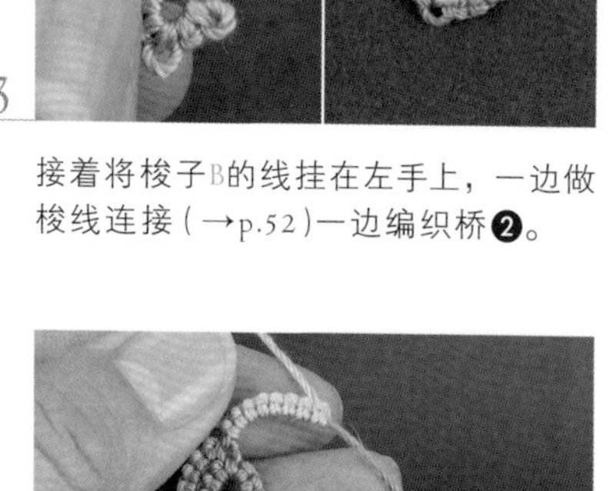

3 接着将梭子B的线挂在左手上，一边做梭线连接(→p.52)一边编织桥❷。

4 每编织完1圈就将花片翻面1次，重复步骤2~4，编织桥❸和桥❹。

5 用梭子B编织环❺。将花片翻至反面。

6 将梭子A的线挂在左手上，编织桥❻。

7 桥❻编织结束时，在步骤5中环的编织起点处形成的空隙里做梭线连接。

8

将花片翻回正面，将梭子B的线挂在左手上，编织桥❼。在桥❻的耳中做梭线连接。

9

将梭子B的线在左手上绕成环形，编织环❽。再按桥的编织要领，重新将线挂在左手上。

10

继续编织桥❾。编织结束时，在桥❹的耳中做梭线连接。

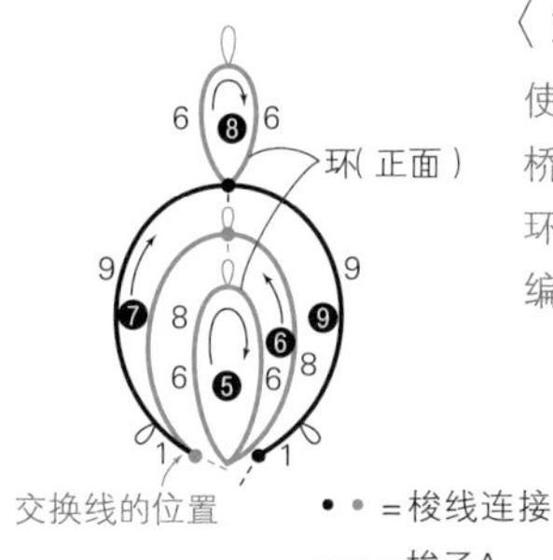

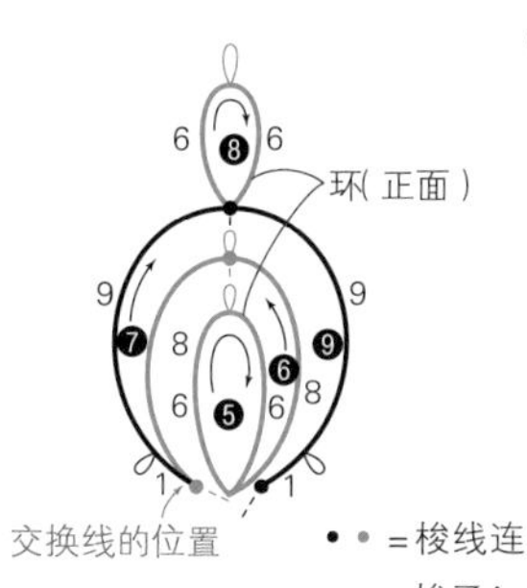

〈纯色的情况〉

使用连在一起的2个梭子开始编织。

桥❷~❹无须翻面，一圈一圈地编织。

环❺和桥❻的编织方法与〈配色的情况〉一样。

编织桥❼前，非常重要的一步是交换线的位置。

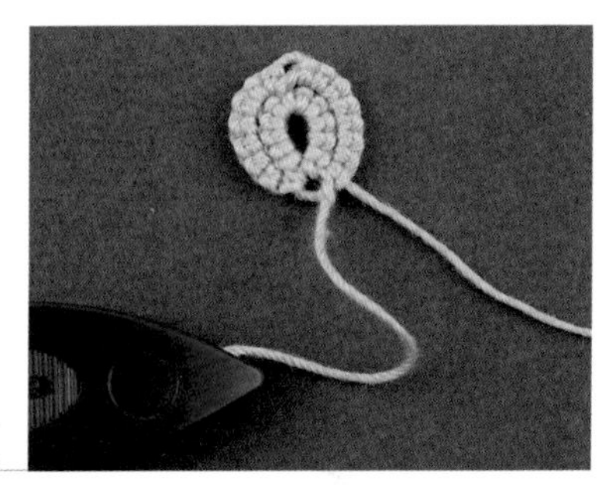

I

编织至桥❻。将花片翻至反面重新拿好(翻面)。

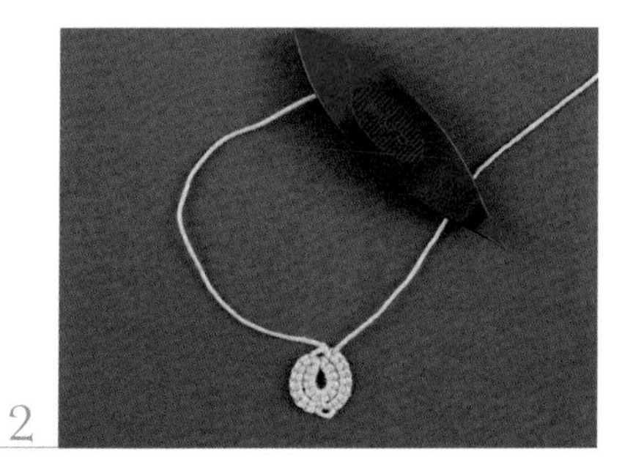

2

因为想用作芯线的梭子的线到了左侧，所以在编织桥❼前要交换线的位置。

3

将左手的挂线作为芯线，按上针的编织要领缠上梭子的线后收紧针目。

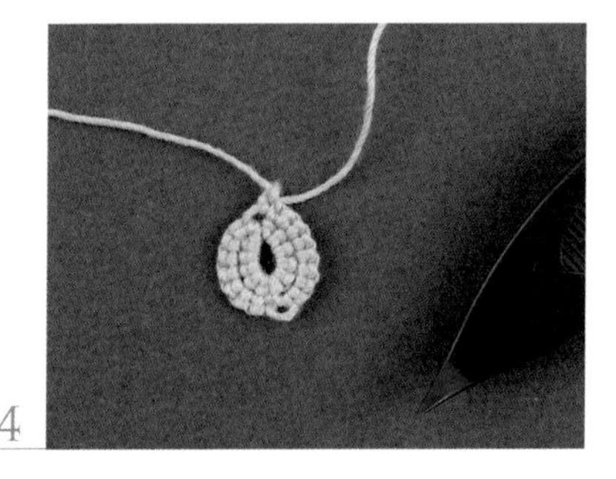

4

这样，芯线就回到了右侧，此针不计入针数。接下来的编织方法与〈配色的情况〉一样。

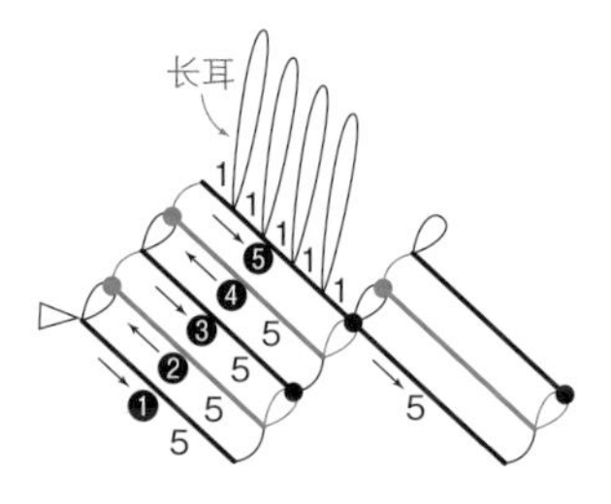

技巧 7

方块

这是全部由桥构成的小方块。
分别在2个梭子上缠好配色线，
交替变换芯线和编织线进行编织。
如果是纯色，请准备连在一起的1个梭子和线团。

〈配色的情况〉

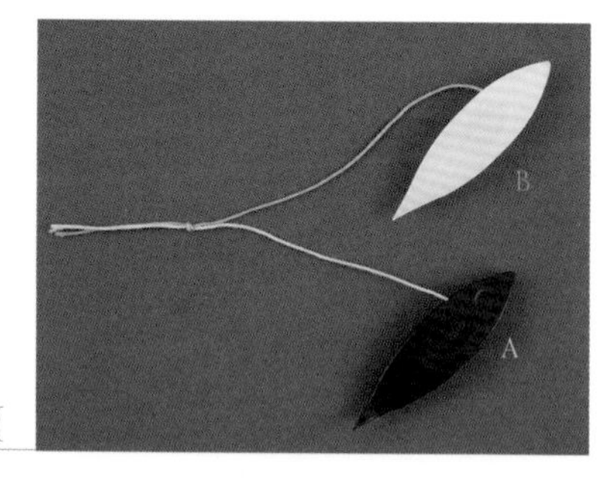

1 准备2个梭子，分别缠上不同颜色的线。先将2个线头打结。

2 将梭子B的线挂在左手上，用梭子A编织1个基础结。在编织起点制作1个小耳。

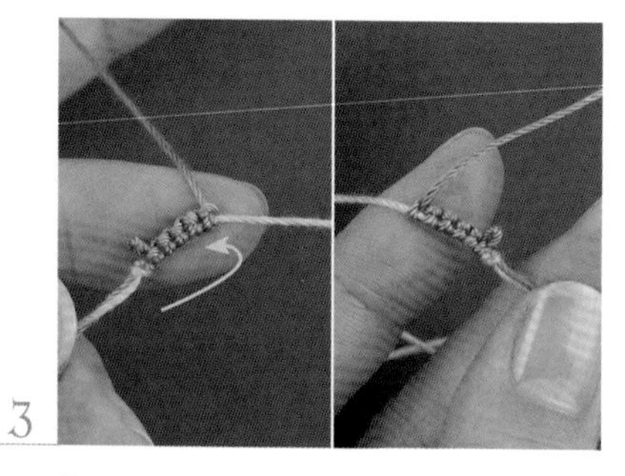

3 编织5个基础结后，翻至反面，将梭子A的线挂在左手上，用梭子B编织。

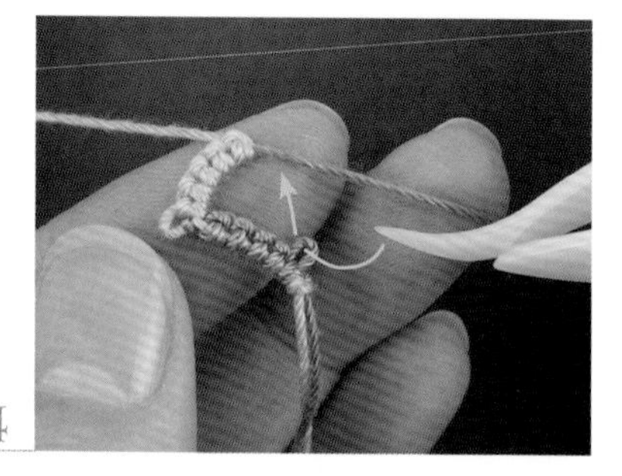

4 编织1个耳和5个基础结，然后在编织起点的耳中做梭线连接（→p.52）。

5 行❶和行❷连接在了一起。每编织完1行就翻转1次，重复编织1个耳和5个基础结。

6 行❺重复编织1个基础结和1个长耳。编织时请用耳尺统一高度。

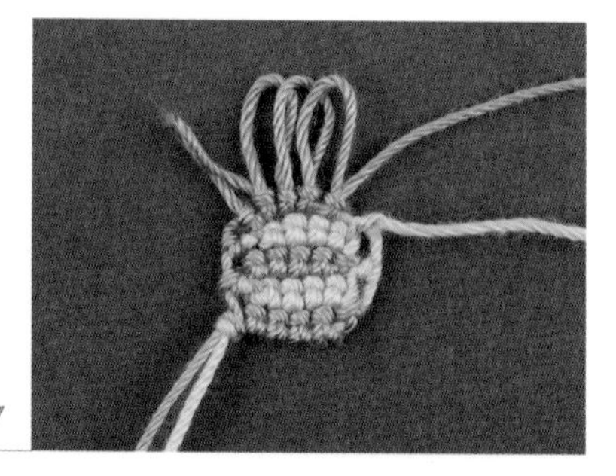

7 在前一行的耳中做梭线连接，接着用同一个梭子编织下一个方块。

〈纯色的情况〉

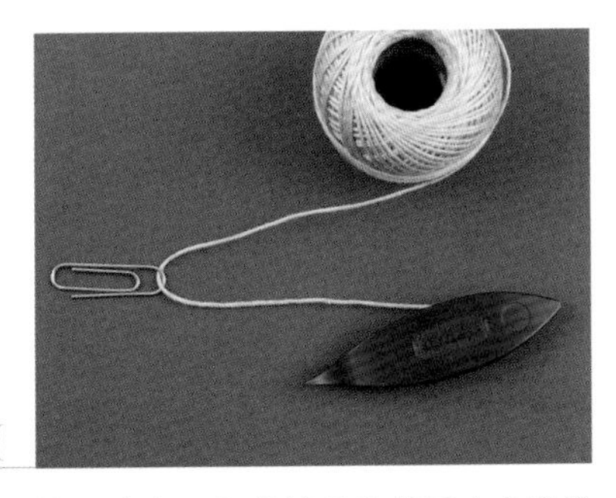

1 使用连在一起的梭子和线团(或缠线板)开始编织。在编织起点位置别上1个回形针。

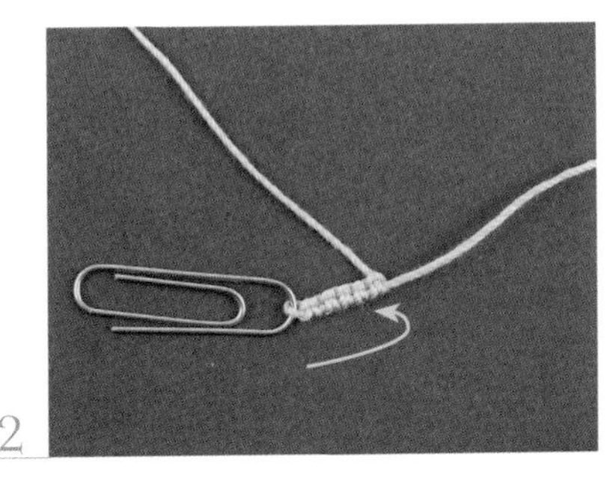

2 编织5个基础结后，翻至反面重新拿好。

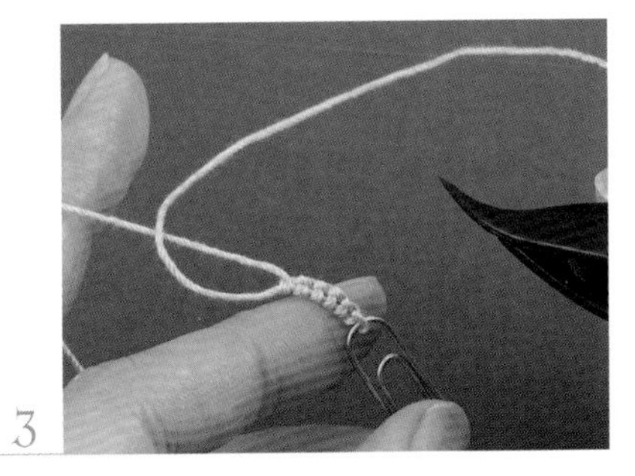

3 因为想用作芯线的梭子的线到了左侧，所以在编织下一行前要交换线的位置。

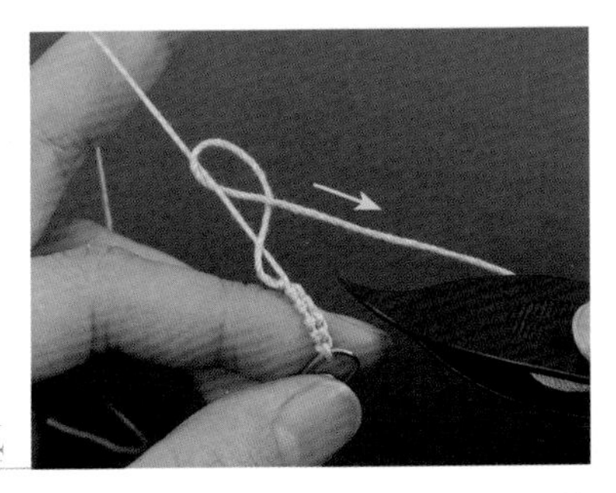

4 将左手的挂线作为芯线，按上针的编织要领缠上梭子的线后收紧针目。

5 在行的编织起点位置制作1个耳(★)，编织5个基础结。

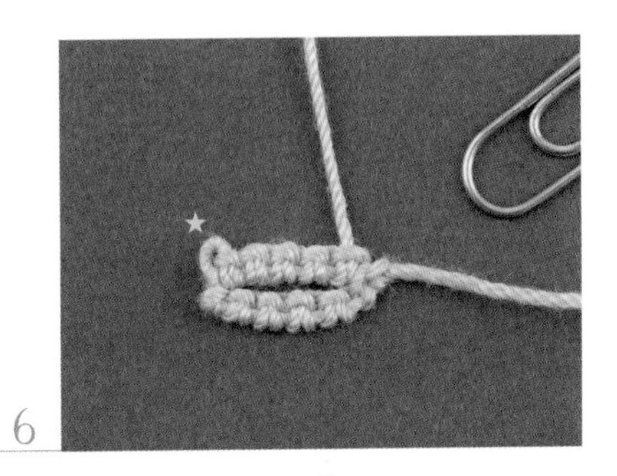

6 在取下回形针后留出的空隙里做梭线连接。行❶和行❷就连接在了一起。重复步骤2~5继续编织。

技巧 8

编入串珠〈3〉

在长耳中另外加入串珠

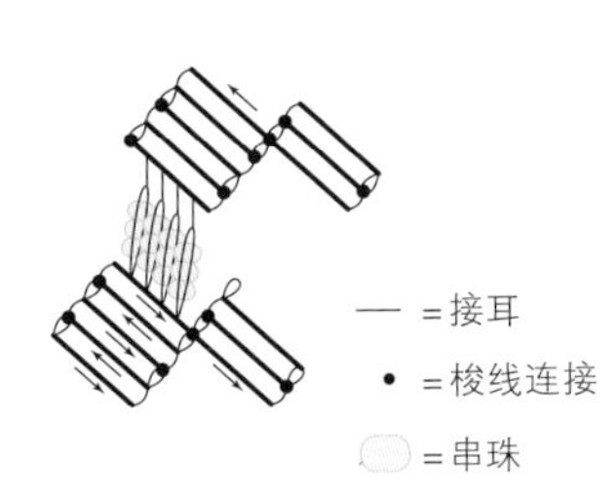

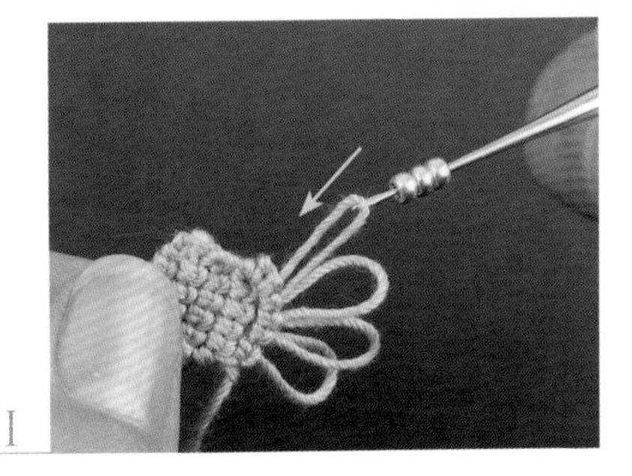

1 在蕾丝针的针头穿入所需颗数的串珠，再将串珠移至长耳中。

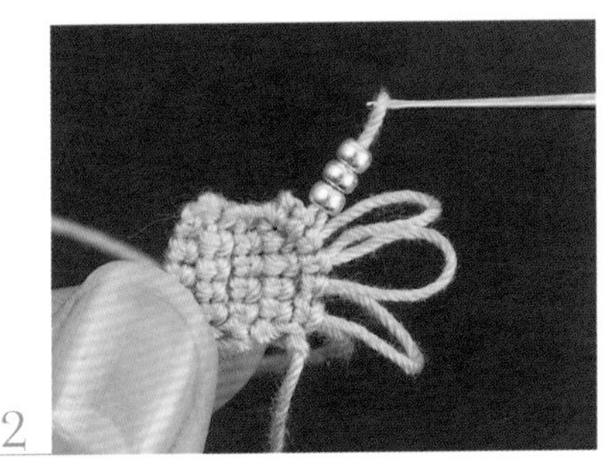

2 一边编织准备连接的方块，一边做接耳。

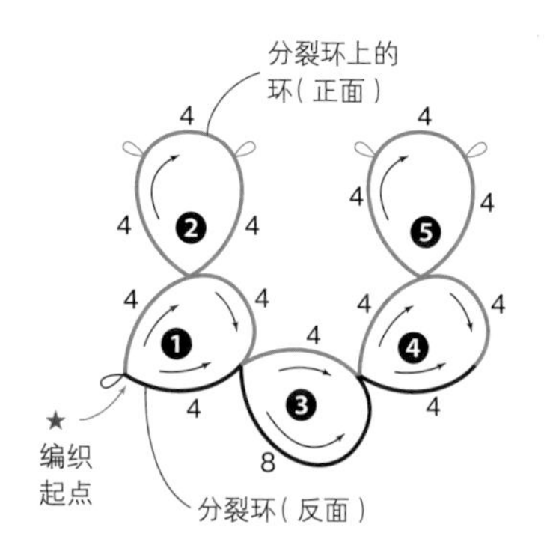

技巧 9

分裂环

这是用2个梭子编织1个环的技巧，每个梭子编织半个环。
从环的起点开始按基础结的要领编织环的一半，
再从起点开始朝相反方向按分裂结的要领编织环的另一半。
此处介绍的方法中，编织分裂结时也无须调整左手的线环。

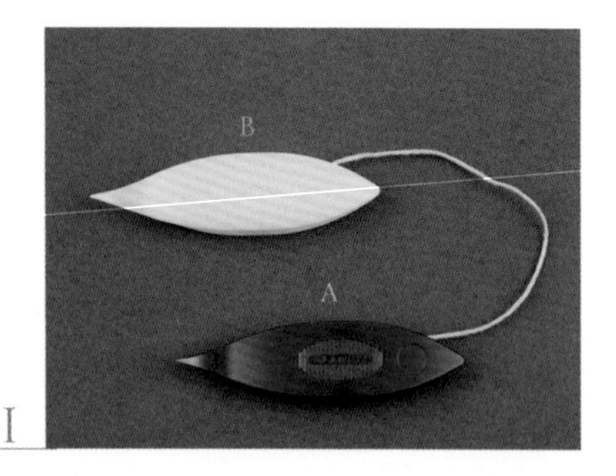

1 将1根线的两端分别缠在2个梭子上，使梭子A和B连在一起。

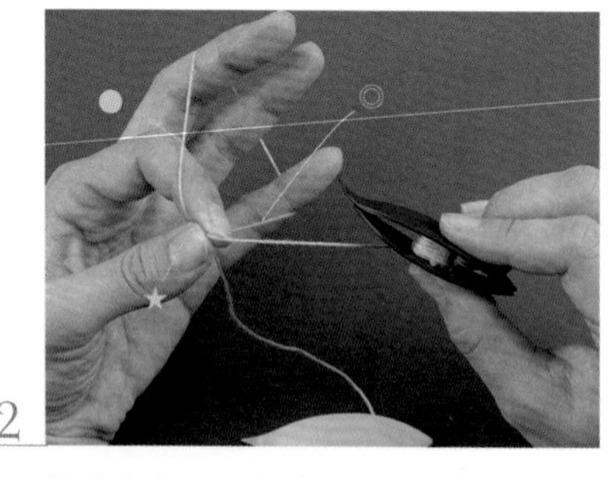

2 将线在左手上绕成环形，用梭子A编织基础结。

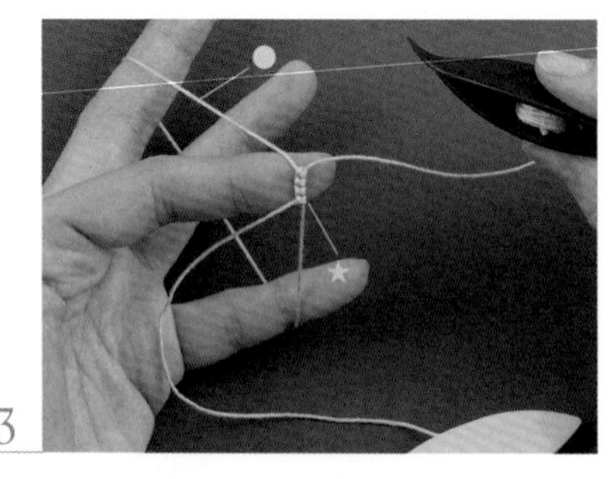

3 在左手线环的●侧编织4个基础结。

*为了便于理解，图中梭子B的线换成了不同的颜色

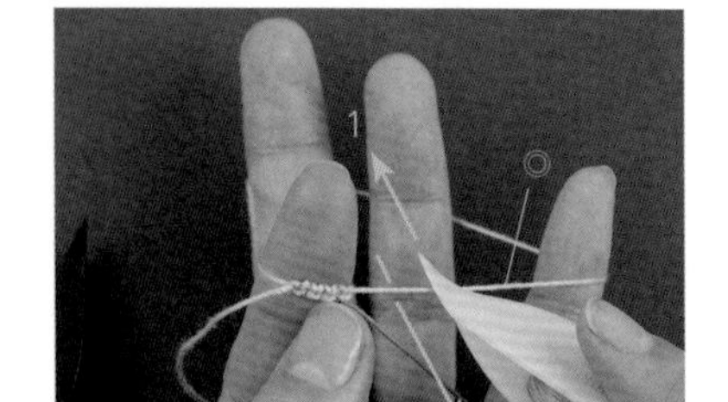

4 换成梭子B，将手掌向上倾斜，在左手线环的◎侧按上针的编织要领来回穿过。

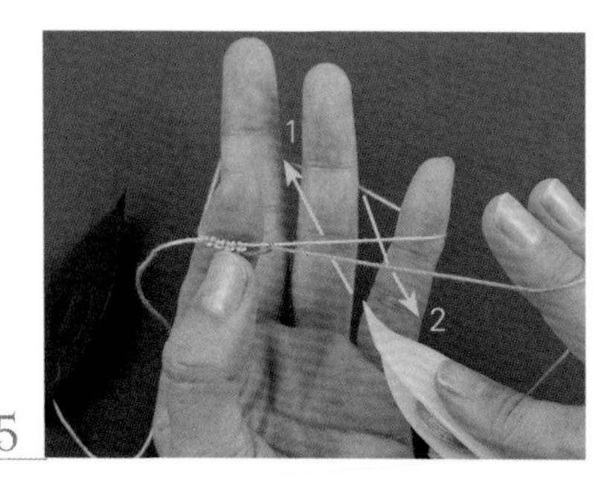

5 拉紧左手的线不要放松，将梭子B的线缠在上面。接着按下针的编织要领来回穿过梭子。

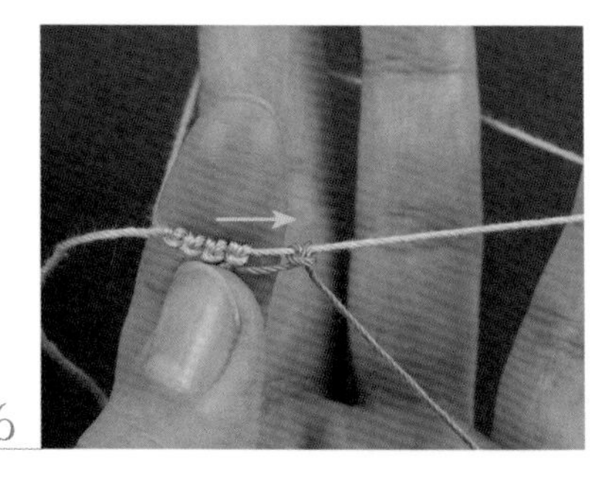

6 以左手的线为芯线，将梭子B的线缠在上面，1个分裂结(分裂编织的基础结)完成。在编织起点位置制作1个小耳。

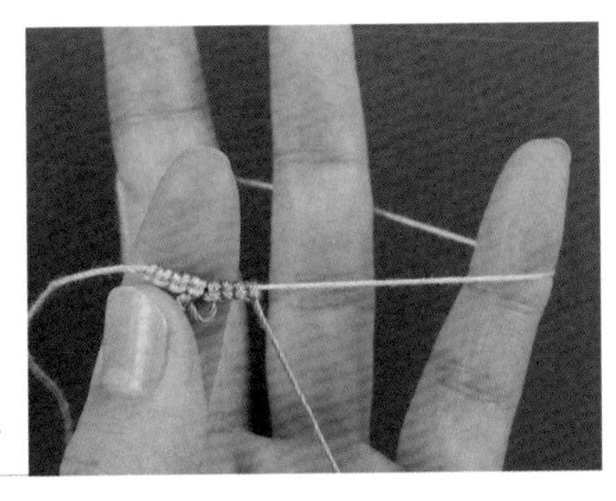

7

重复上针和下针，编织4个分裂结。针目的朝向与前面编织的针目相同。

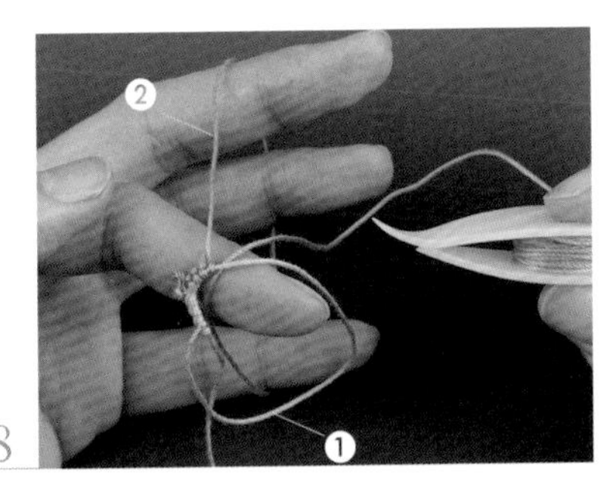

8

接下来要在编织分裂环❶的中途编织环❷。取下左手的线环，改用梭子B的线在左手上绕成环形。

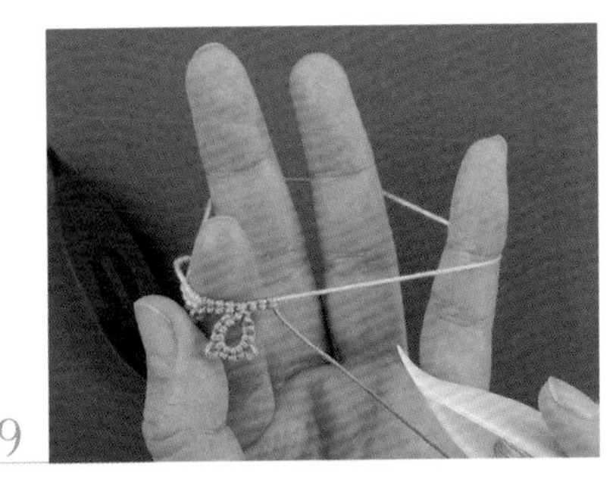

9

环❷编织完成后，回到分裂环❶的状态，接着用梭子B编织分裂结。

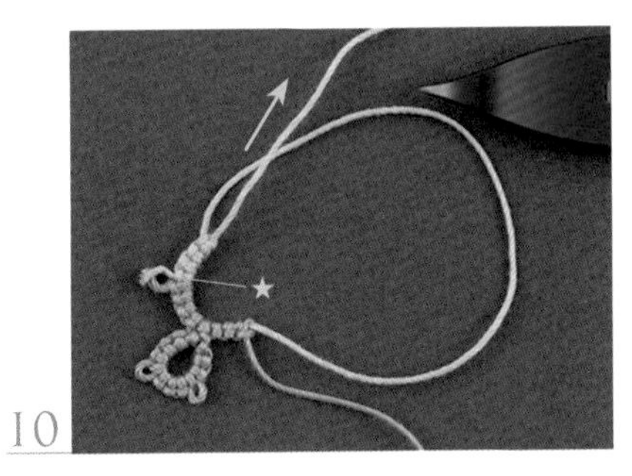

10

从起点位置（★）开始，用2个梭子编织的分裂环完成。拉动梭子A的线，收紧线环。

11

接着编织分裂环❸。用梭子A在左手线环的●侧编织8个基础结。

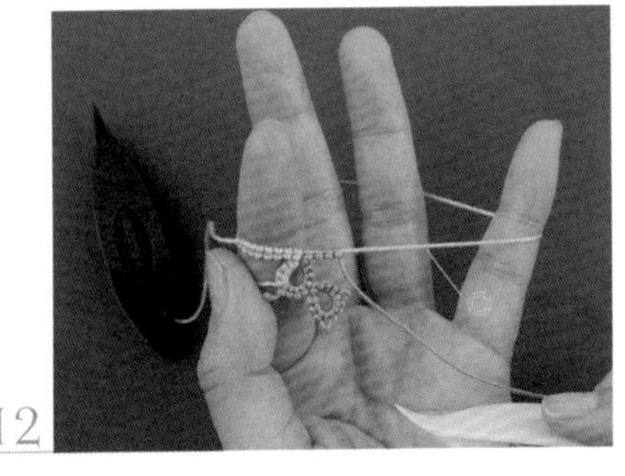

12

换成梭子B，将手掌向上倾斜，在左手线环的◎侧编织4个分裂结。

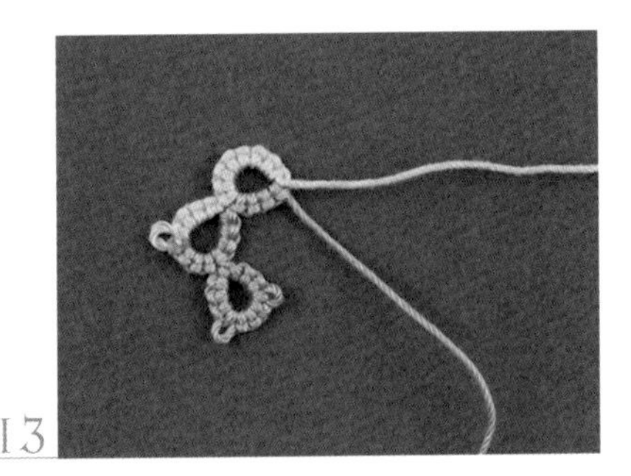

13

拉动梭子A的线，将环收紧。分裂环❸完成。

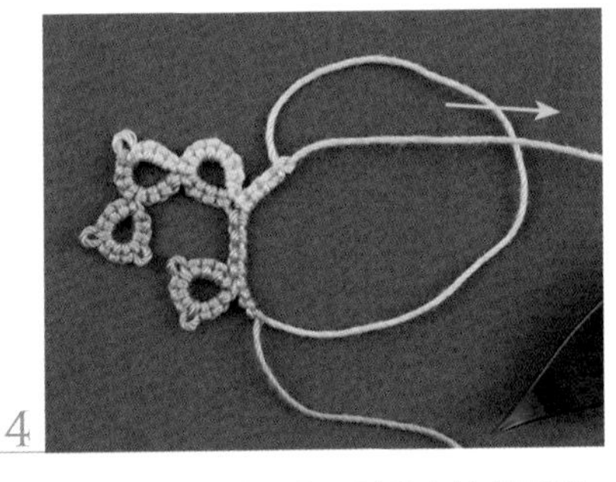

14

接着编织分裂环❹，以及中途的环❺。拉动梭子A的线，将环收紧。

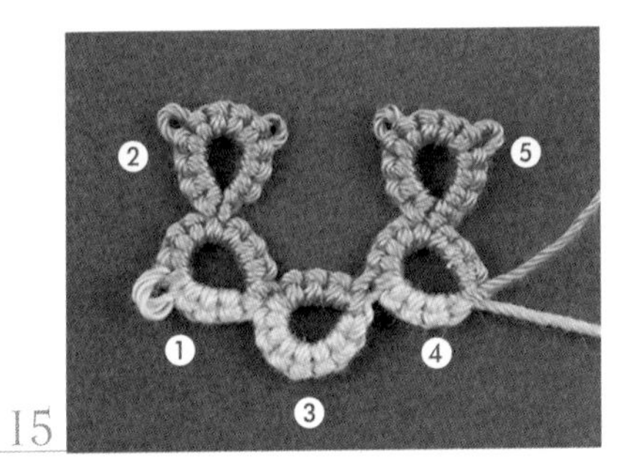

15

参照编织图，❶~❺的分裂环和环完成。

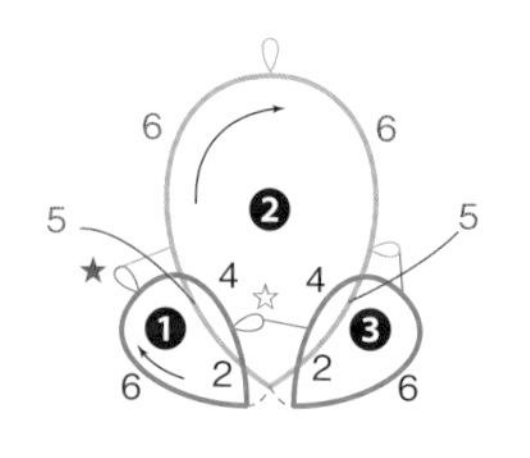

— =接耳

技巧 10

环的重叠连接

将环重叠着连接后，花片更加立体、别致。
需要注意的是，确认准备连接的环哪个在上，哪个在下。
此处是将2个小环重叠着连接在大环的上面。

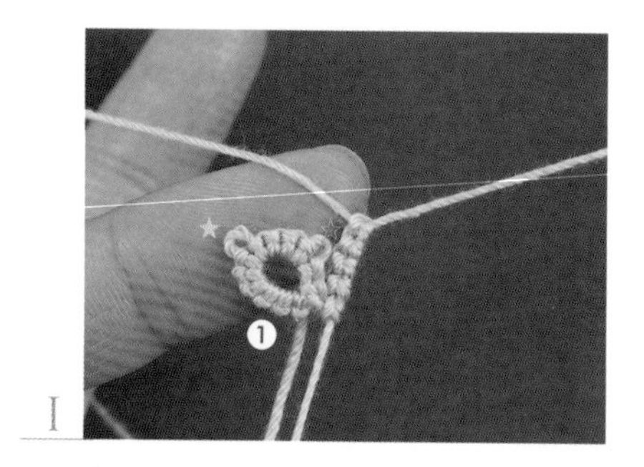

1

参照编织图，编织环❶，接着编织环❷至连接位置。

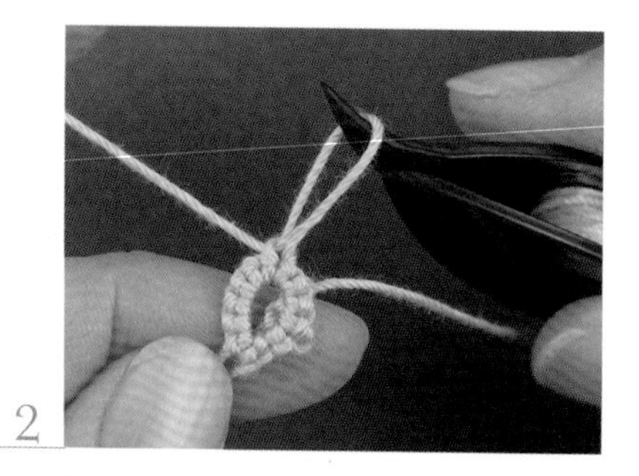

2

将环❶重叠在环❷上面，从耳（★）中挑出左手的挂线做接耳（→p.45）。

3

继续编织环❷。这样，环❷就连接在了环❶的上面。

4

编织环❸。在环❶的耳（☆）中做接耳。

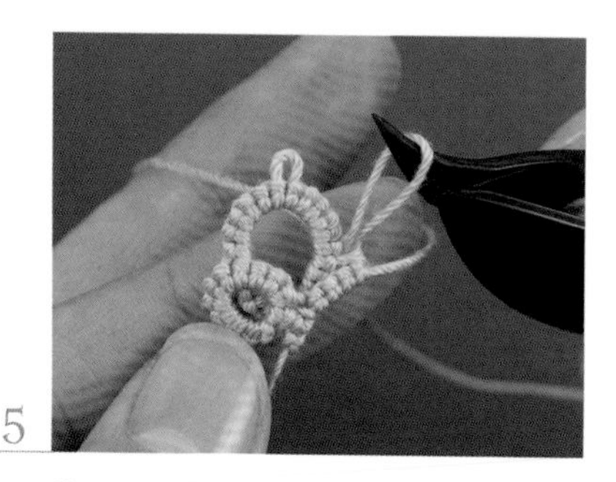

5

接着与环❷做接耳。

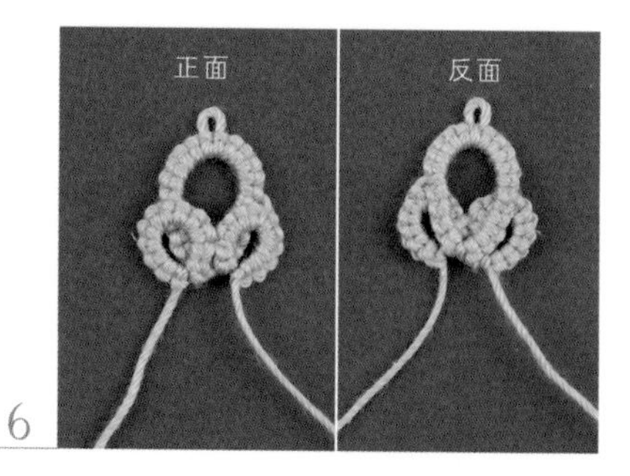

6

编织结束时，环❶和环❸重叠在环❷的上面。从反面看，环❷重叠在环❶和环❸的上面。

必备基础知识

下面为大家介绍的是梭编蕾丝的必备基础知识，
包括一些可能遇到的问题和方便实用的小技巧。

◆环的正面与反面

由于梭编作品在编织过程中经常将花片翻至正面或反面(翻面)，所以环和桥的正、反面往往出现在1个花片的同一面。花片的正、反面并没有太大的差异，这也是梭编蕾丝的一大特点。

环(桥)的正面与反面
可以通过耳的根部加以区分

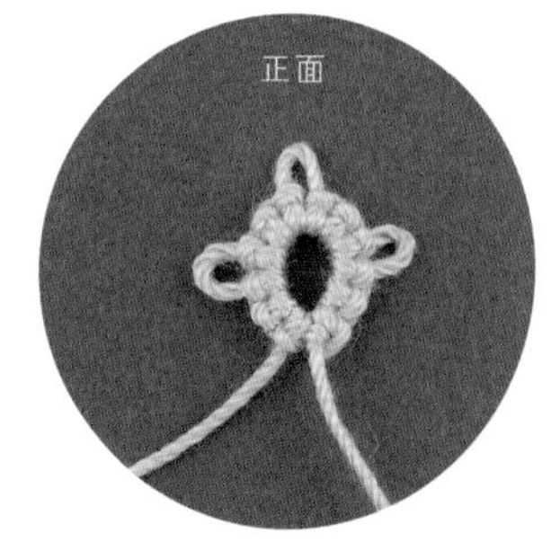

耳的根部是2个基础结的结头

耳的两侧是基础结，中间可以看到2根编结的线

◆在编织花片的中途加入新线

缠在梭子上的线快用完时，
重新缠上新线再开始编织。

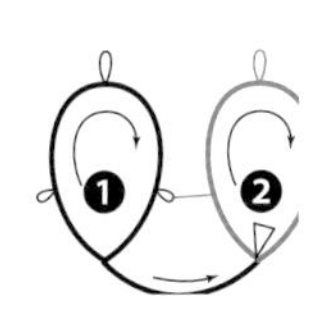

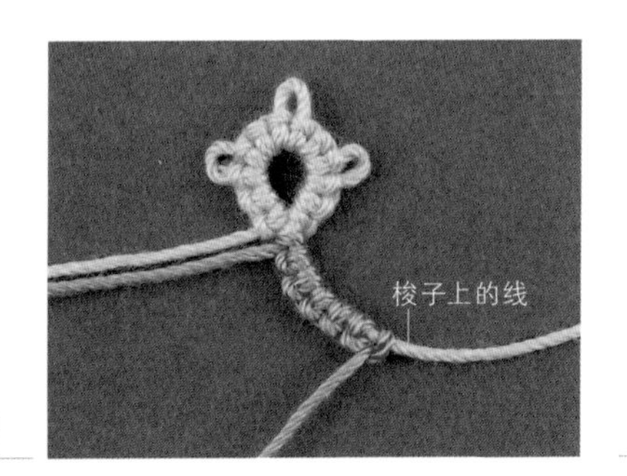

1 梭子上的线(灰色)即将用完。在编织下一个环时加入新线。

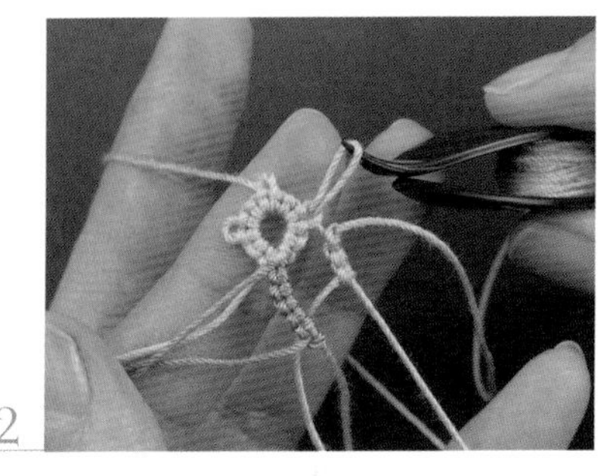

2 用新线开始编织环❷，在接耳位置与环❶做连接。

3 用新线编织并连接的环❷完成。

4 在花片的反面将线头打结，处理线头(→p.47)。

5 用新线编织的环❷与桥连接完成。

◆拆开环的针目

1

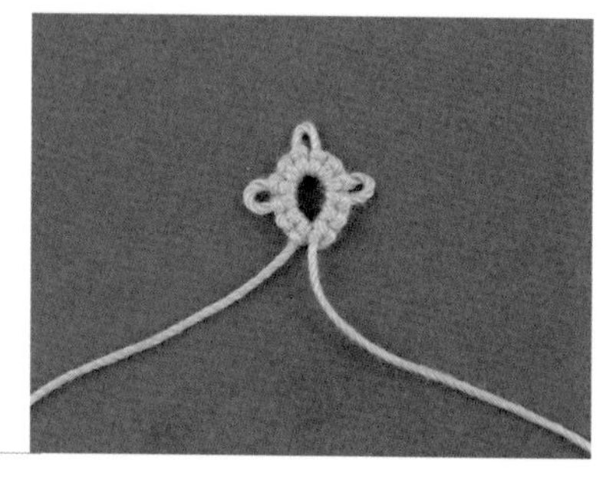

下面要将收紧线环后的环的针目拆开。

2

将最后1个耳两侧的针目向左右两边拉开，露出环的芯线。

3

在耳中插入梭尖，挑出环的芯线。

4

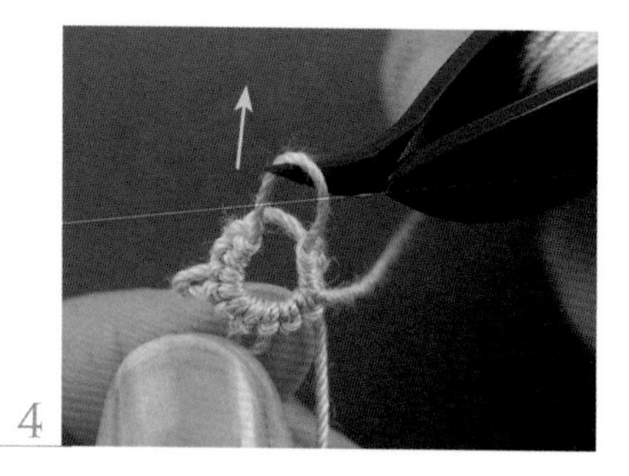

一点点拉出，将芯线挑松。

5

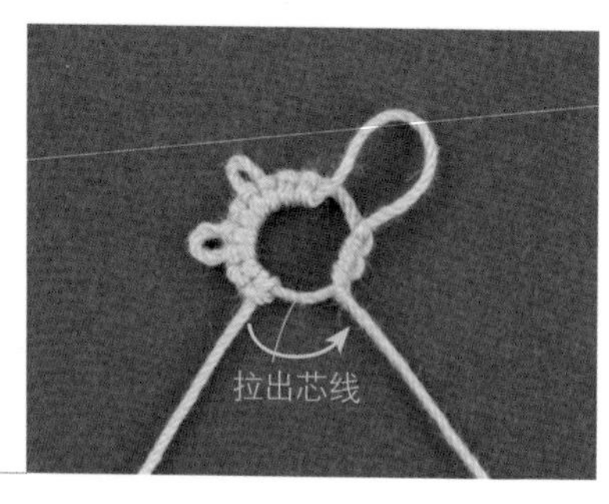

环收紧的位置慢慢打开，拉出芯线直到可以挂在左手上。

6

在基础结的结头插入梭尖就可以拆开针目。继续拆开针目至想要重新编织的位置。

◆耳尺的使用方法

1

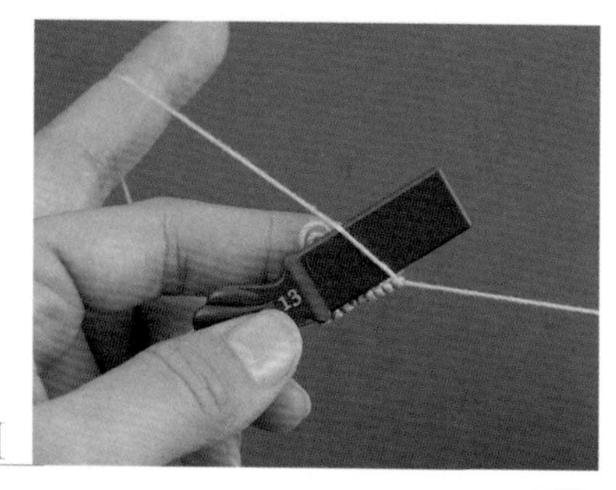

将耳尺放在左手的挂线与食指之间。

2

将耳尺贴在前面编织的针目边上，编织基础结。

3

1个耳完成。连续编织长耳时非常方便。

制作方法

I~8

I

图片/p.7~9

✦材料和工具

用线：I~4 a =Lizbeth 40号（601）
I~4 b =DARUMA蕾丝线 30号葵（15）
5~8 a =Lizbeth 40号（605）
5~8 b =DARUMA蕾丝线 30号葵（13）

串珠：TOHO串珠
2 a、2b =小号圆珠（21F）各15颗
6 a =特小号串珠（21F）64颗
6 b =小号圆珠（150）64颗

工具：1个梭子 7 =蕾丝针

✦编织要点

a用Lizbeth 40号线编织，b用DARUMA30号葵蕾丝线编织。4、7、8=可以用连在一起的梭子和线团开始编织（→p.48）。6=编织环前，在左手的线环中移入7颗串珠。第2个环在连接位置先与第1个环做接耳，然后移过梭子上的串珠，在芯线中编入串珠。7=最后的接耳请使用蕾丝针（→p.47）。

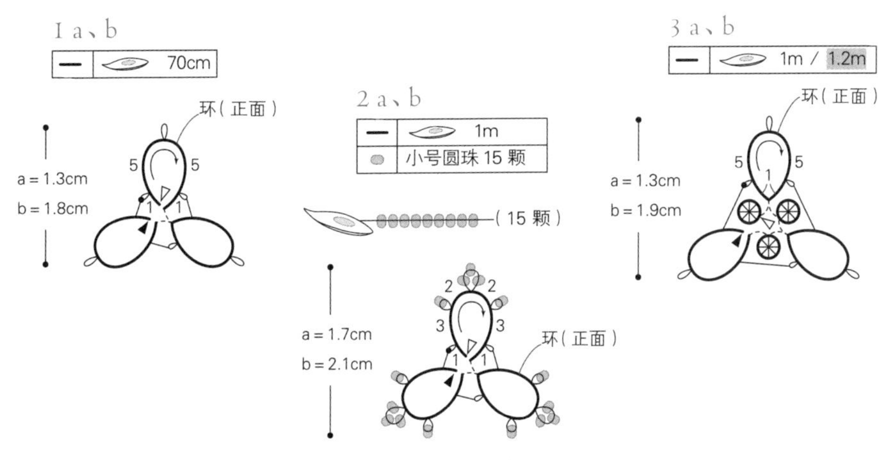

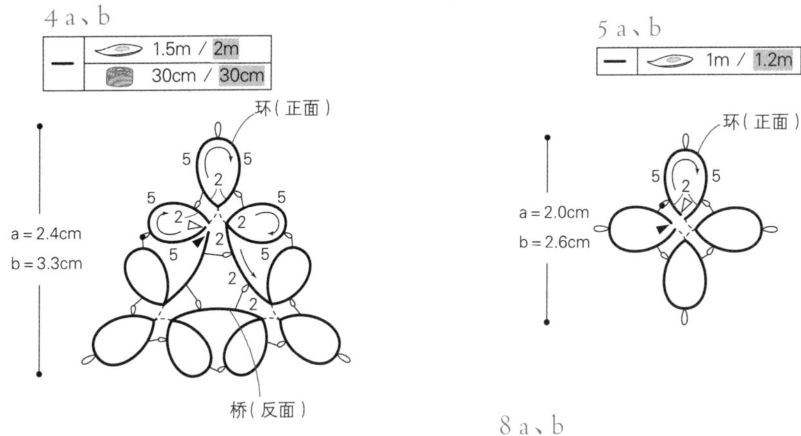

➝ =最后的接耳（待连接的耳位于右侧时）→p.46
• =梭线连接→p.52
⊛ =约瑟芬结（10针下针）→p.51
●○ =在环的芯线和耳中加入串珠→p.50
▒ =花片b所需的线长（其他为通用）

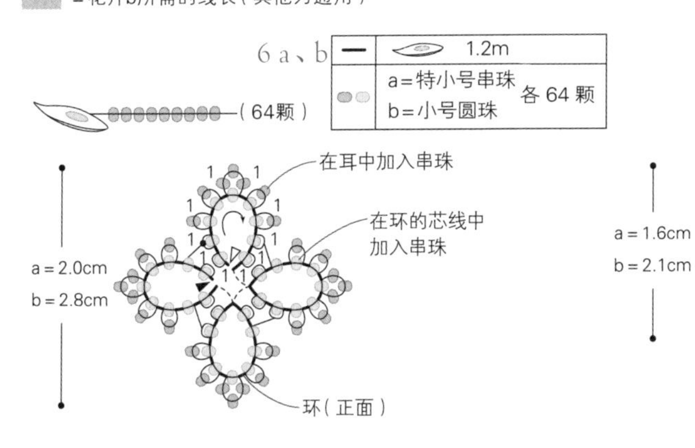

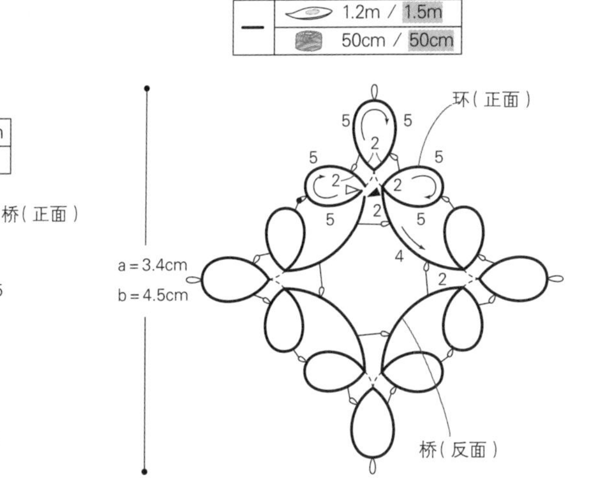

I　9~16

图片/p.7、10、11

✦材料和工具

用线：9~12 a =Lizbeth 40号（653）
　　　9~12 b =DARUMA蕾丝线 30号葵（7）
　　　13~16 a =Lizbeth 40号（654）
　　　13~16 b =DARUMA蕾丝线 30号葵(20)
串珠：TOHO串珠
　　　11 a、b =小号圆珠（21F）各35颗
　　　14 =淡水珍珠 a 3mm、b 5mm　各1颗
工具：1个梭子

✦编织要点

a用Lizbeth 40号线编织，b用DARUMA30号葵蕾丝线编织。12、15、16=可以用连在一起的梭子和线团开始编织（→p.48）。11=开始编织环前，在左手的线环中移入6颗串珠。留下最后1颗串珠直接收紧环，即可在环的根部加入串珠。

→ =最后的接耳（待连接的耳位于右侧时）→p.46

• =梭线连接→p.52

⊛ =约瑟芬结（10针下针）→p.51

●○ =在环的芯线和耳中加入串珠→p.50

▒ =花片b所需的线长（其他为通用）

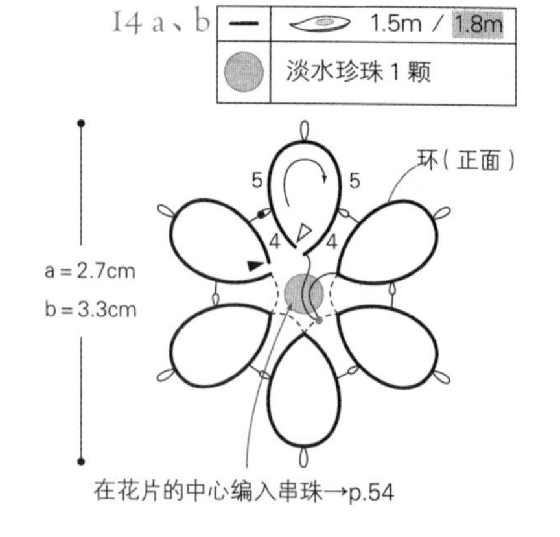

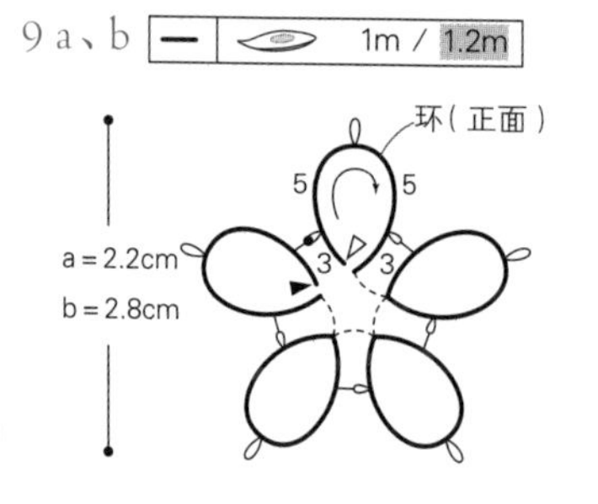

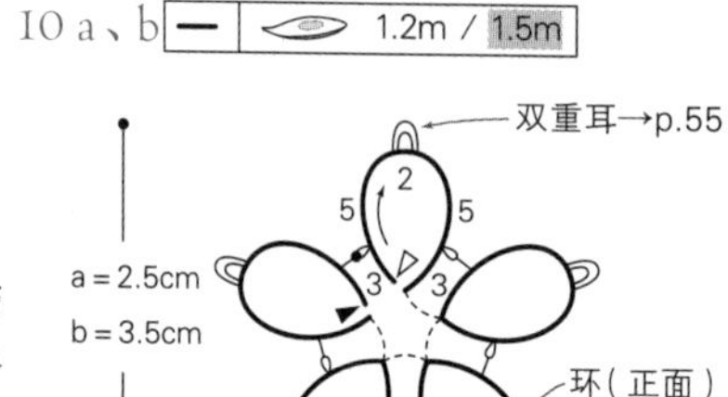

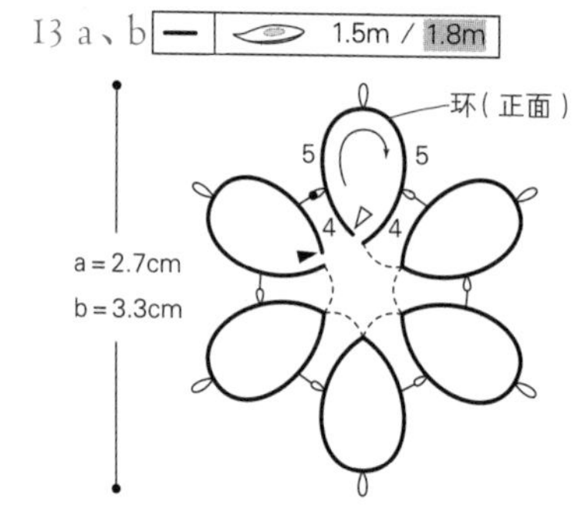

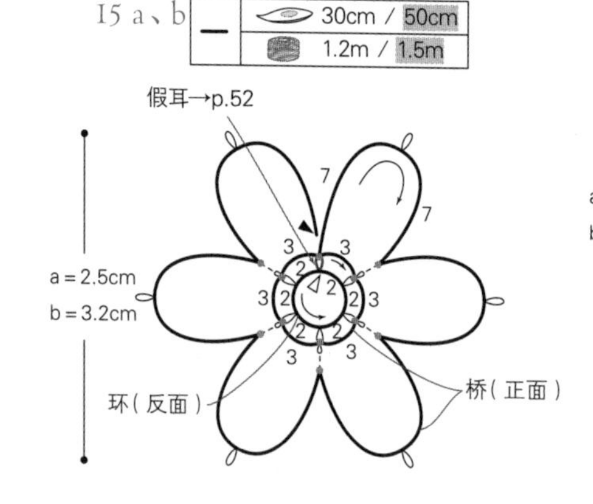

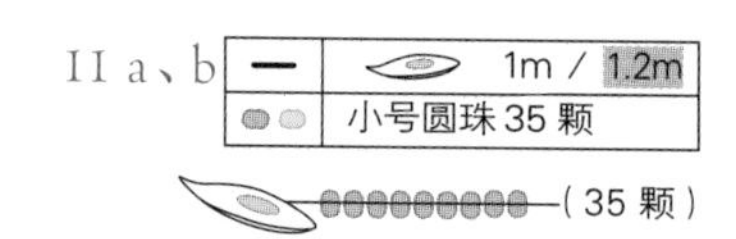

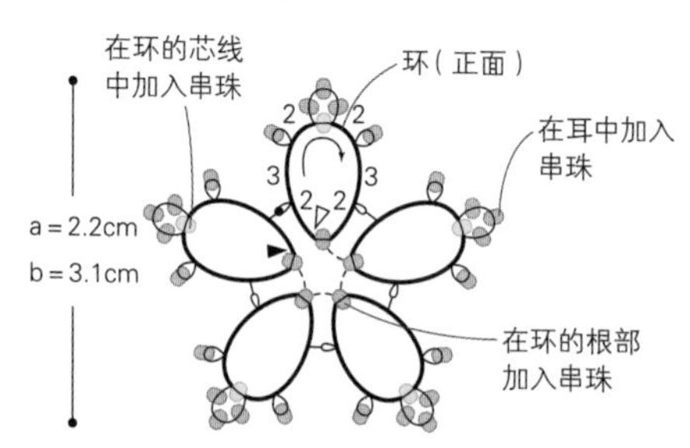

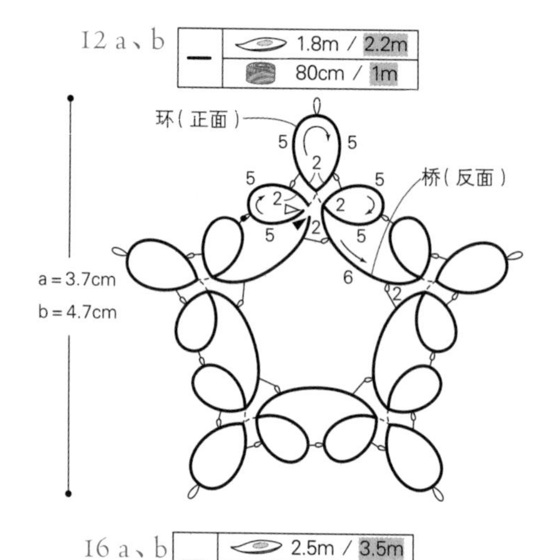

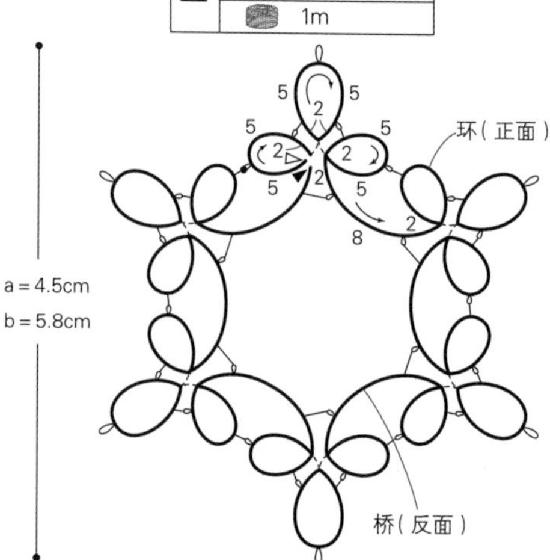

Ⅱ

I~6

图片/p.13~15

✦材料和工具

用线：1a、2a、4、5、6=Olympus梭编蕾丝线〈金银线〉(T401)

1b、2b、3、5、6 =Lizbeth 40号(653)

工具：1个梭子

✦编织要点

用1个梭子和线团编织的花片可以用连在一起的梭子和线团开始编织(→p.48)。4=I 7(→p.65)的编织图。5=1b+4、6=2b+3，分别组合花片后，一边编织外圈的边缘，一边与花片做连接。

→• =最后的接耳(待连接的耳位于右侧时)→p.46

• =梭线连接→p.52

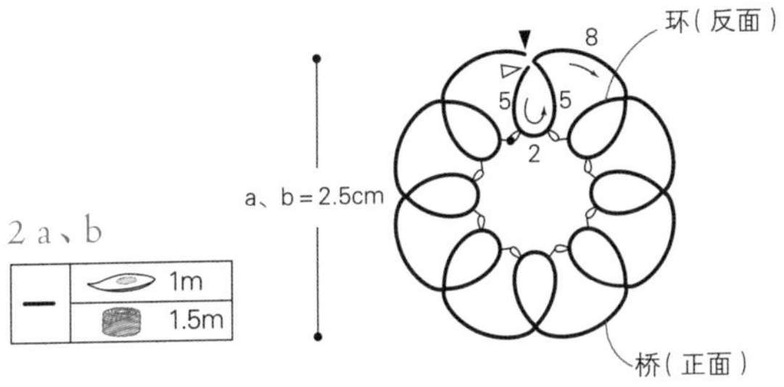

2 a、b

—	梭子 1m
	线团 1.5m

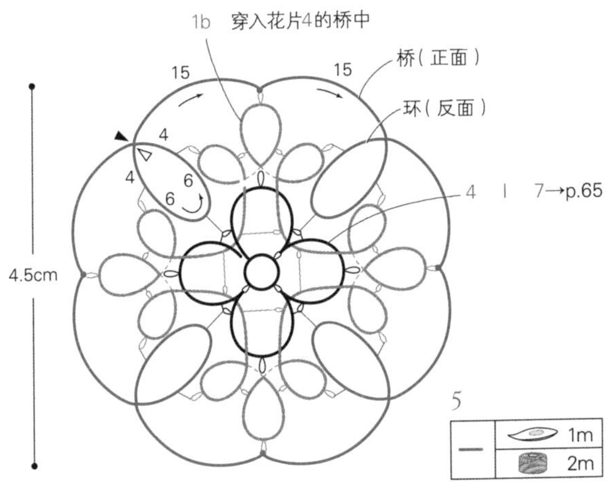

5

—	梭子 1m
	线团 2m

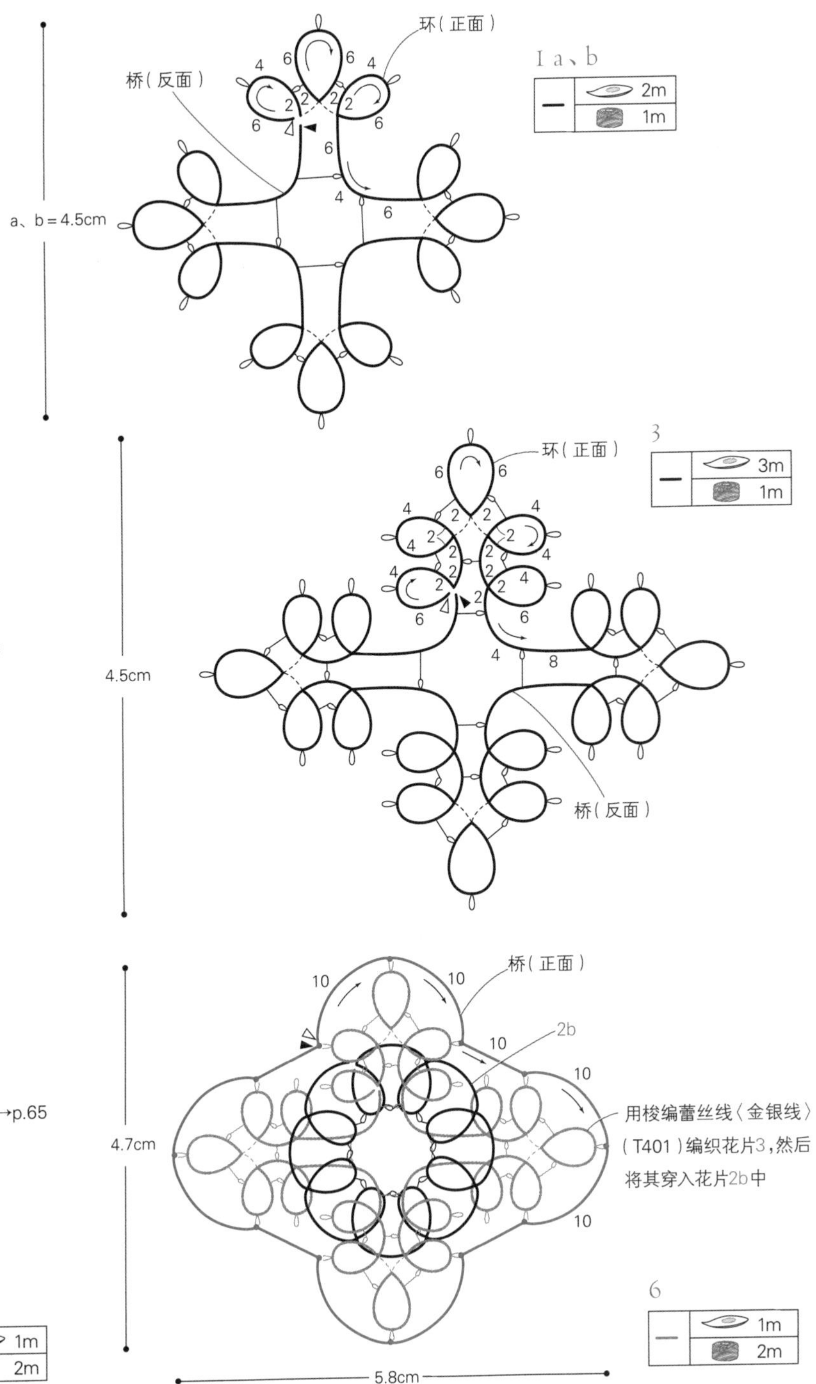

1 a、b

—	梭子 2m
	线团 1m

3

—	梭子 3m
	线团 1m

6

—	梭子 1m
	线团 2m

Ⅲ

I~IO

图片/p.17~19

✦材料和工具

用线：I、4、6、8 =Lizbeth 40号（650）
　　　2、7、9 =Lizbeth 40号（654）
　　　3、5 =Lizbeth 40号（653）
　　　IO =参照图示
工具：1个梭子
金具：IO =10齿发梳

✦编织要点

用1个梭子和线团编织的花片可以用连在一起的梭子和线团开始编织（→p.48）。I ~ 3 = 编织中心的环。然后翻面，编织外圈的环。1个环编织结束时，与右侧相邻的耳做梭线连接后继续编织。8 = 编织4个花片I，通过接耳依次连接成环形。IO= 分别用指定的线编织各个花片，用黏合剂按❶ ~ ❺的顺序重叠着粘贴在发梳上。确定粘贴位置后，在花片上点上几处黏合剂，注意粘贴时不要让黏合剂溢出到正面。

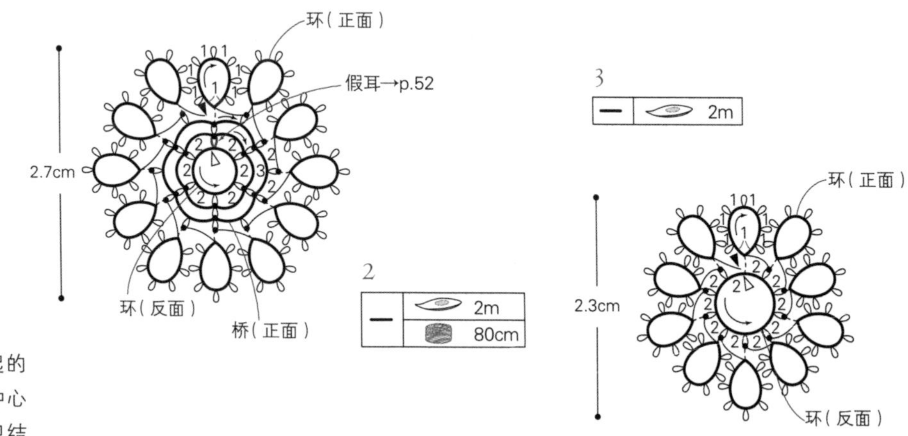

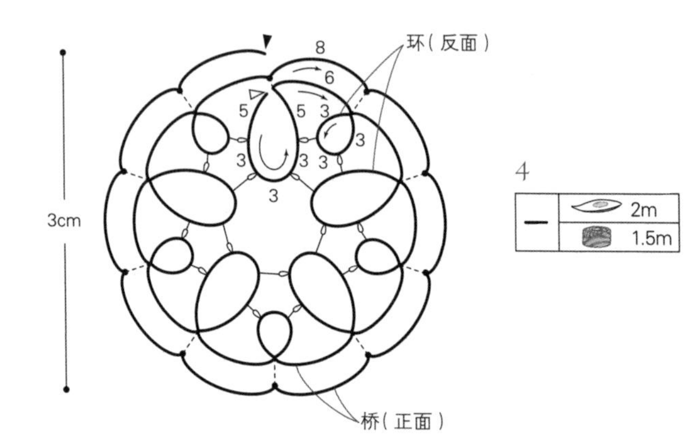

⊸ =最后的接耳（待连接的耳位于右侧时）→p.46

• =梭线连接→p.52

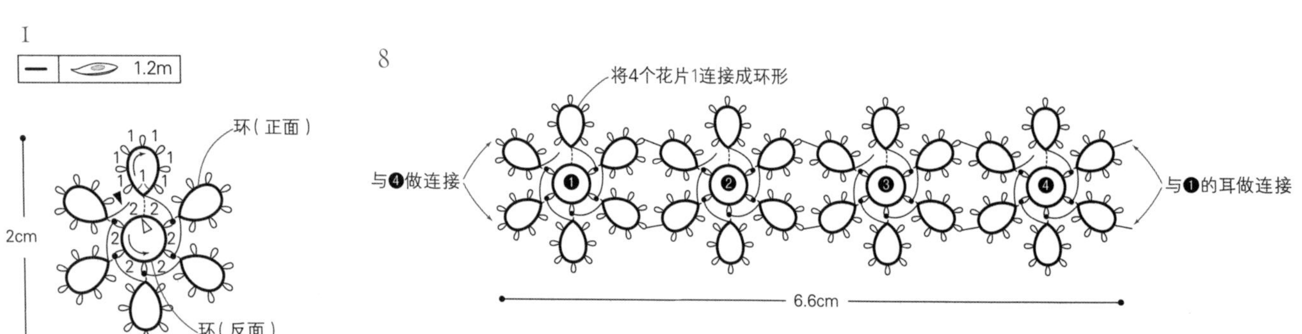

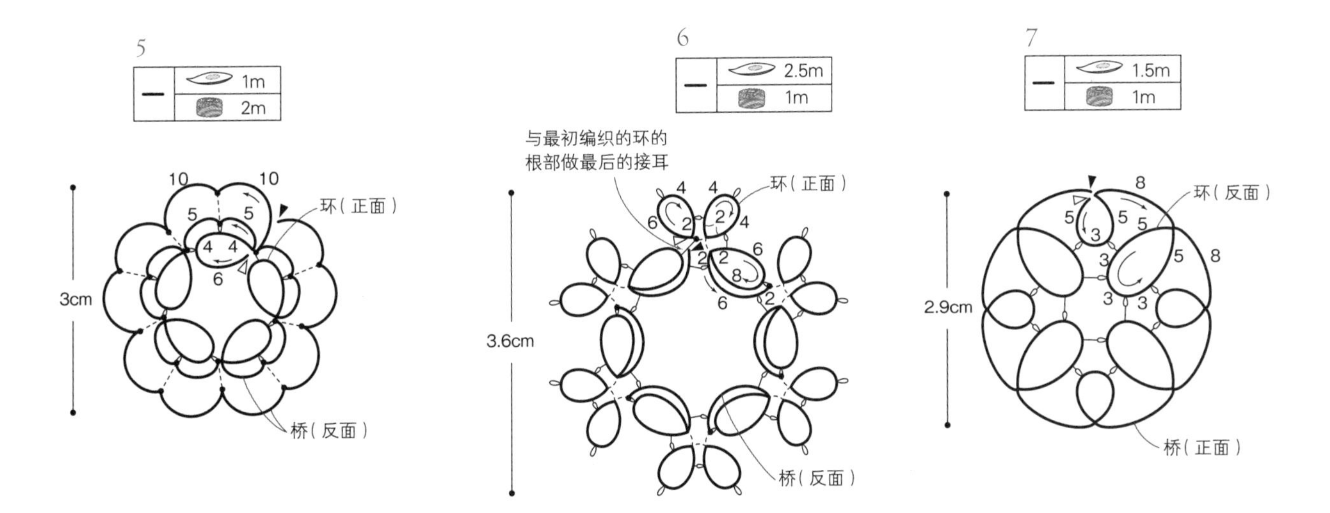
5
1m
2m
10
10
5
5
4
4
6
环（正面）
3cm
桥（反面）
6
2.5m
1m
与最初编织的环的
根部做最后的接耳
环（正面）
3.6cm
桥（反面）
7
1.5m
1m
8
环（反面）
2.9cm
桥（正面）

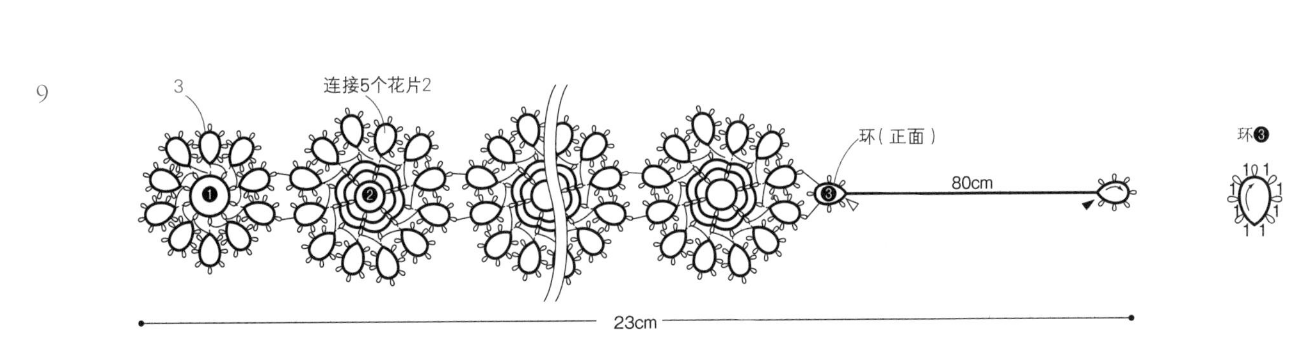
9
3
连接5个花片2
环（正面）
80cm
环❸
23cm

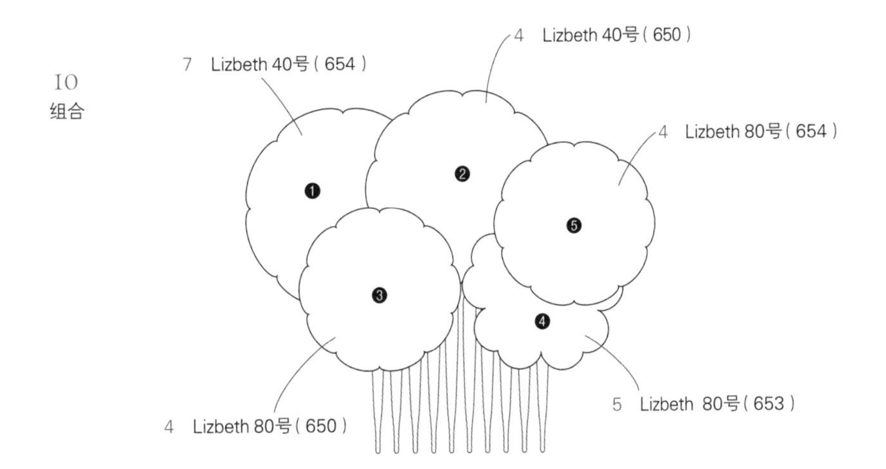
10
组合
7 Lizbeth 40号（654）
4 Lizbeth 40号（650）
4 Lizbeth 80号（654）
5 Lizbeth 80号（653）
4 Lizbeth 80号（650）

Ⅳ

1~6

图片/p.21~23

✦材料和工具

用线：1~4 =Lizbeth 40号(654)

5、6 =Lizbeth 40号(601)

串珠：TOHO串珠

2、3、4 =小号圆珠(88)

6 =小号圆珠(21F)

4 =土豆形淡水珍珠 大(6～7mm)、小(3～3.5mm)

工具：1个梭子 1、5=耳尺5mm

✦编织要点

用1个梭子和线团编织的圈层可以用连在一起的梭子和线团开始编织。1、5=长耳使用耳尺制作，在下一圈将前一圈的耳并在一起做梭线连接。2、3、6=要在桥的芯线中编入串珠时，分别在梭子和线团的线中穿入所需颗数的串珠后开始编织。4=从编织终点位置的串珠开始，按顺序将串珠和珍珠穿在线团的线上。编织起点位置是1颗大珍珠。参照编织图，一边加入串珠和珍珠一边编织基础结。最后加入1颗大珍珠，再编织2个基础结后处理线头。

1

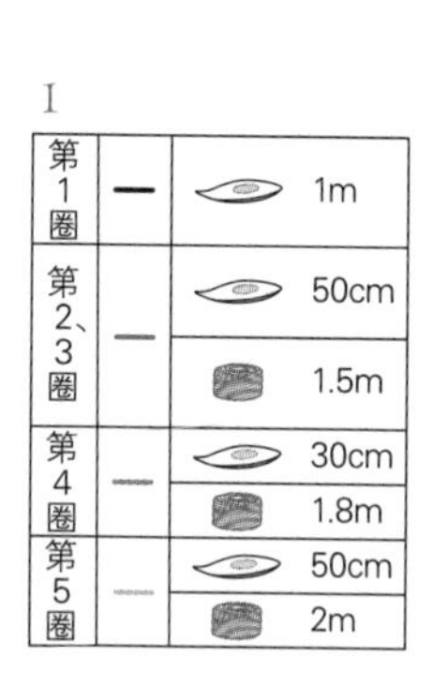

圈			
第1圈	—		1m
第2、3圈	—		50cm
			1.5m
第4圈	—		30cm
			1.8m
第5圈	—		50cm
			2m

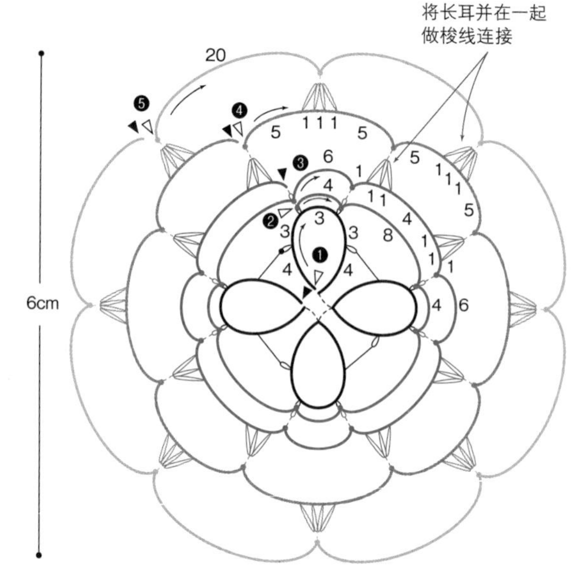

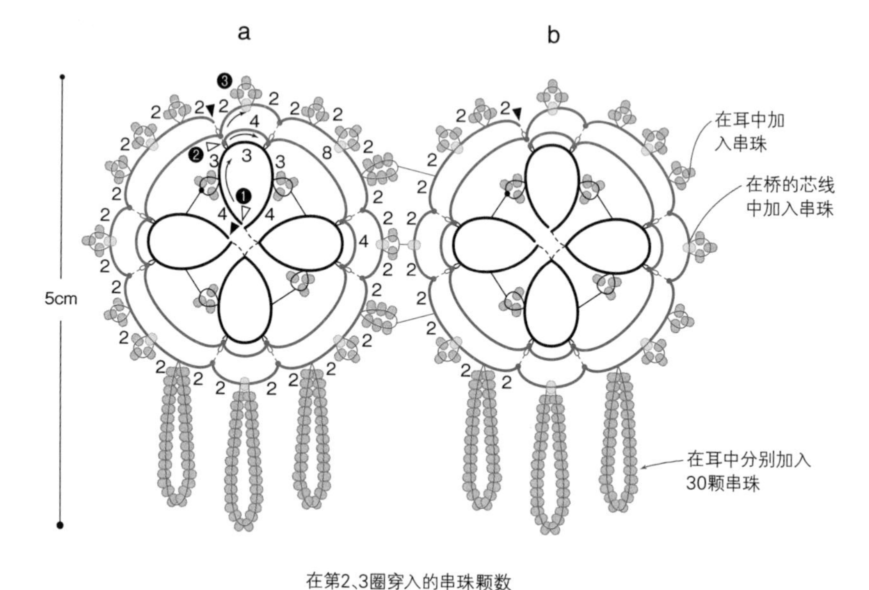

→ =最后的接耳(待连接的耳位于右侧时)→p.46

••• =梭线连接→p.52

●● =在环的芯线和耳中加入串珠→p.50

▇ =花片b所需的颗数

2

圈		
第1圈	—	1m
	●	小号圆珠 12 颗
第2、3圈	—	50cm
		2m
	●●	小号圆珠 142 颗 / 128 颗

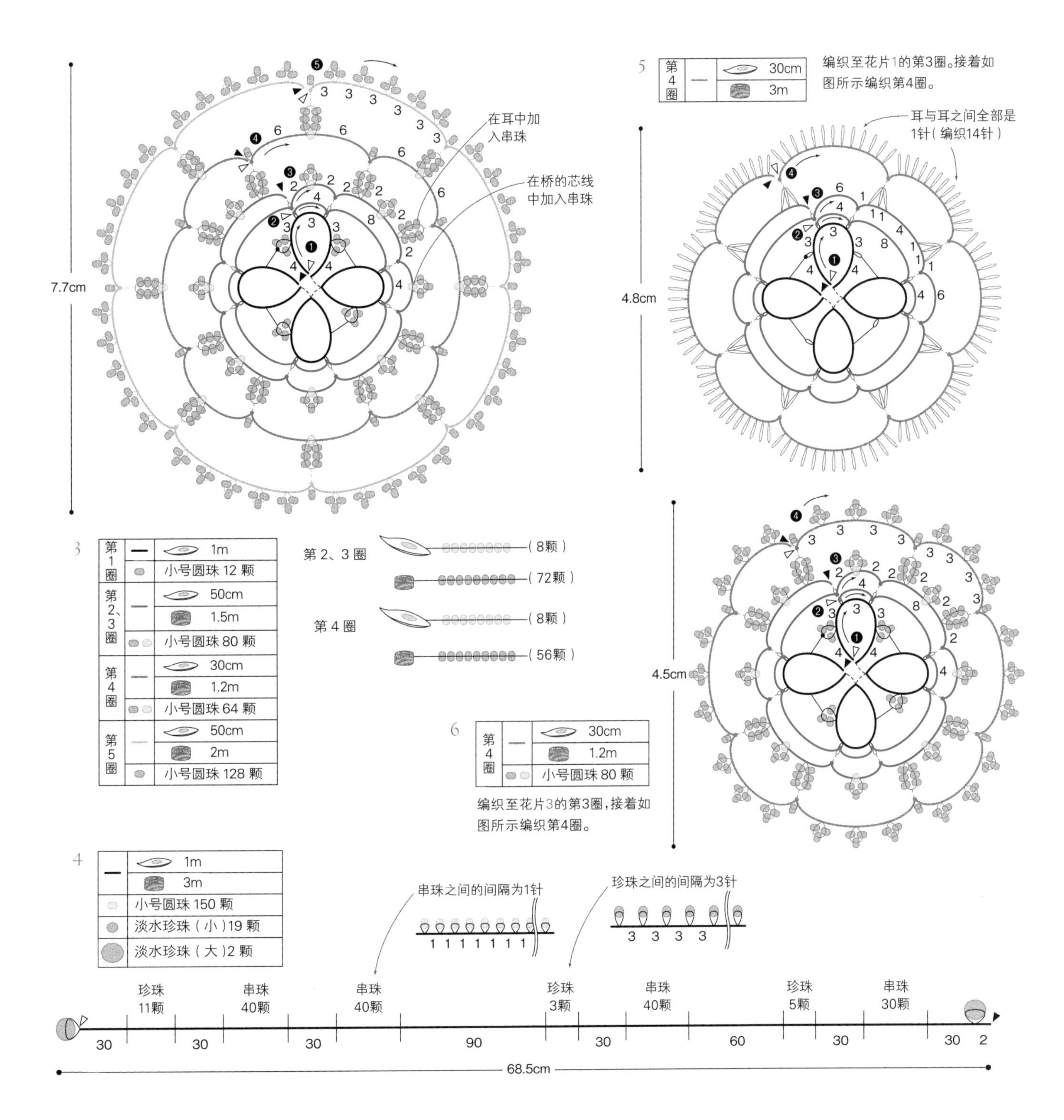

3

圈			
第1圈	—	梭子	1m
	●	小号圆珠 12 颗	
第2、3圈	—	梭子	50cm
		线团	1.5m
	●●	小号圆珠 80 颗	
第4圈	—	梭子	30cm
		线团	1.2m
	●●	小号圆珠 64 颗	
第5圈	—	梭子	50cm
		线团	2m
	●	小号圆珠 128 颗	

4

—	梭子	1m
	线团	3m
●	小号圆珠 150 颗	
●	淡水珍珠（小）19 颗	
●	淡水珍珠（大）2 颗	

5

圈			
第4圈	—	梭子	30cm
		线团	3m

6

圈			
第4圈	—	梭子	30cm
		线团	1.2m
	●●	小号圆珠 80 颗	

V　1~5

图片/p.25~27

✦材料和工具

用线：〈配色〉白色、灰色＝Lizbeth 40号（601）、（605），
　　灰色、深灰色＝Lizbeth 40号（605）、（607）
　　〈纯色〉白色＝Lizbeth 40号（601），
　　灰色＝Lizbeth 40号（605）

工具：1个梭子、蕾丝针

✦编织要点

请参照TECHNIQUE6 洋葱环（→p.56）的步骤详解编织。〈配色〉款作品中，每圈换色，一边翻面一边编织。〈纯色〉款作品中，桥的第❷～❹（4是❼）圈朝同一个方向编织。按编织图完成编织后，用手指将针目按压平整。5＝参照花片4的编织图，小的编织至第❺圈，大的编织至第❼圈，分别编织所需数量的花片。随机排列大、小花片，在中心穿上线连在一起。

➝● ＝最后的接耳（使用蕾丝针）→p.47

●● ＝梭线连接→p.52

1〈配色〉

—	A（605）2m
—	B（601）2.5m

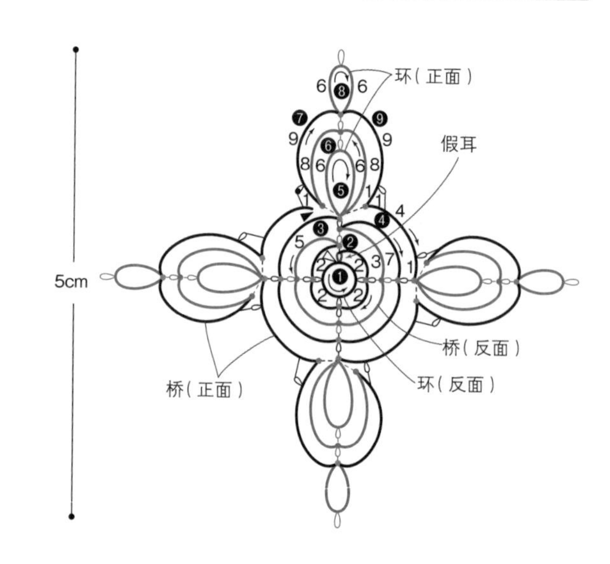

2〈配色〉

—	A（605）2.5m
—	B（607）3.5m

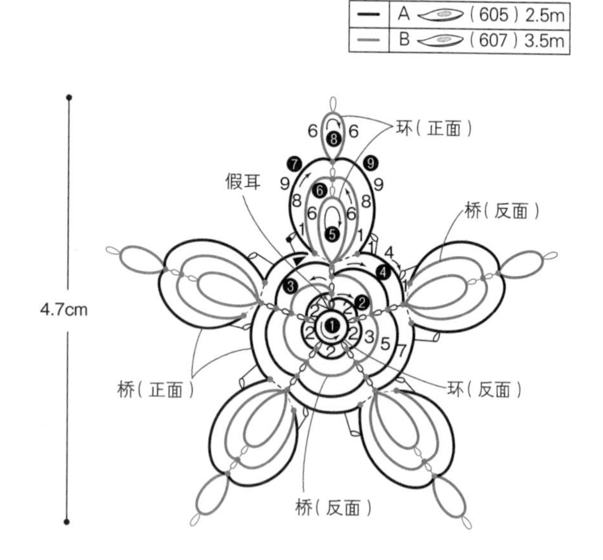

3〈配色〉

—	A（607）2.8m
—	B（605）4m

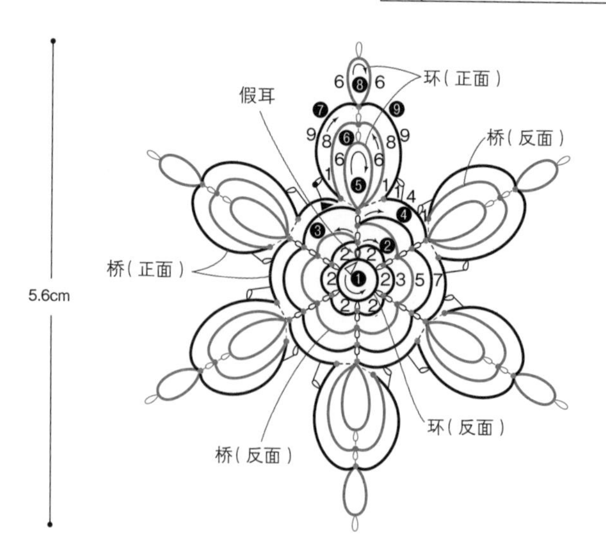

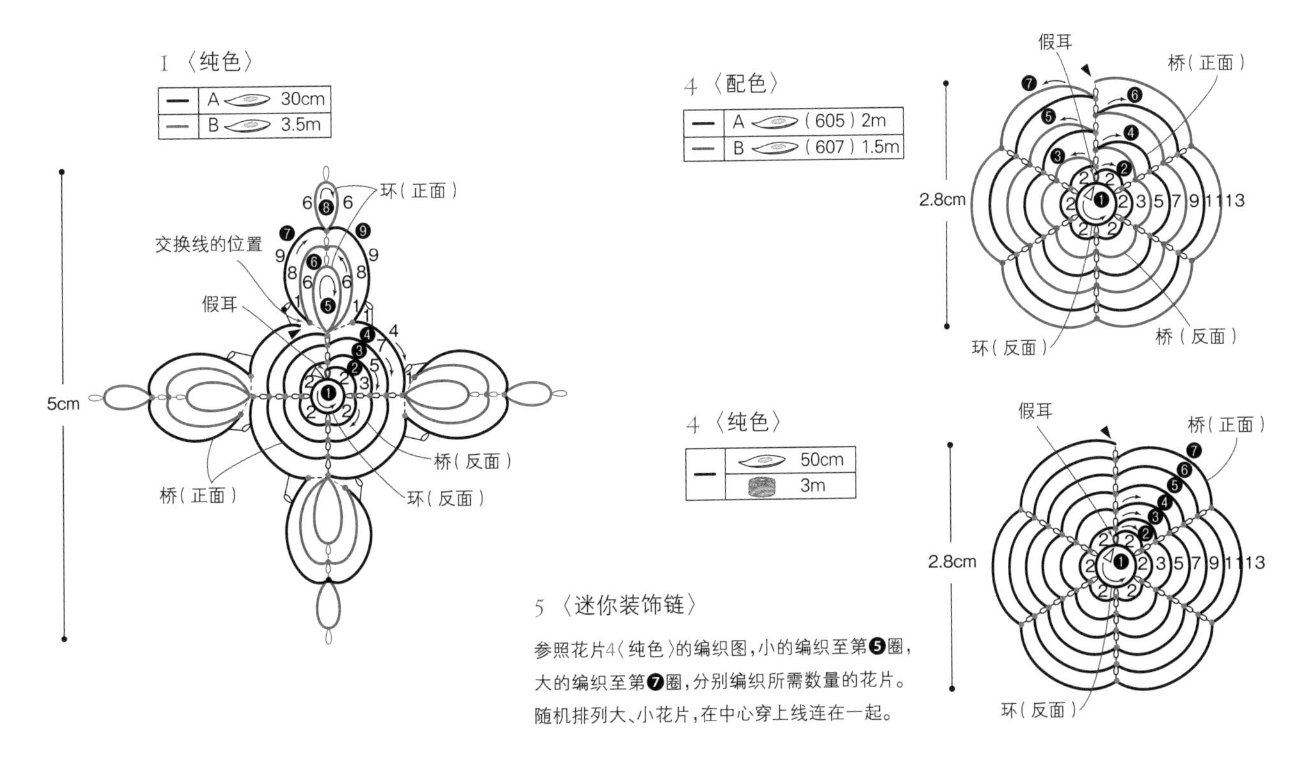

5〈迷你装饰链〉

参照花片4〈纯色〉的编织图,小的编织至第❺圈,大的编织至第❼圈,分别编织所需数量的花片。随机排列大、小花片,在中心穿上线连在一起。

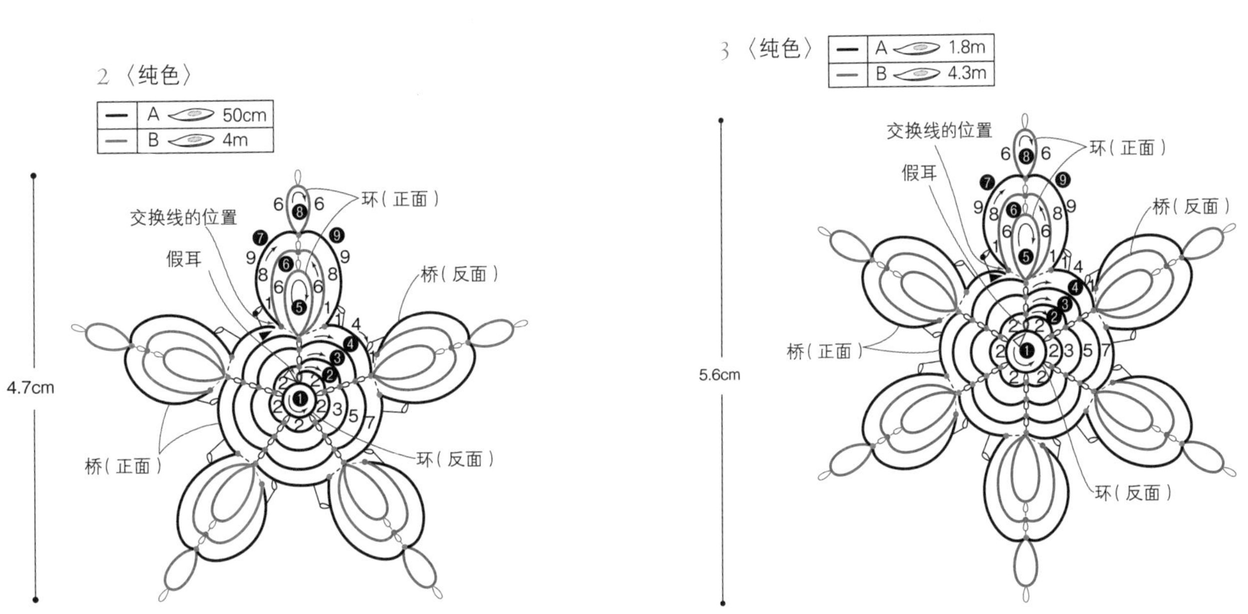

VI　I~4

图片/p.29~31

✦材料和工具

用线：I、2、4 =Lizbeth 40号(601)

　　　3 =Lizbeth 40号(605)、(607)

串珠：I=TOHO串珠 小号圆珠(21F)

　　　I~3 =土豆形淡水珍珠 大(6~7mm)

　　　2、4 =土豆形淡水珍珠 小(3~3.5mm)

工具：I、2、4 =1个梭子

　　　3 =2个梭子

　　　I、3 =耳尺 5mm

　　　4 =耳尺 7mm

　　　I、3 =蕾丝针

✦编织要点

请参照TECHNIQUE7 方块(→p.58)的步骤详解编织。I、3=下排的方块编织结束后，交换线的位置编织8个基础结，然后制作长耳为后面的双重耳做准备。接着编织2个基础结，在长耳中穿入珍珠(→p.59)后做接耳。编织8个基础结后，再次交换线的位置，编织上排的方块。2=从大珍珠开始编织，编织1行5针、5行的方块。在下一个方块的耳中加入小珍珠。编织至所需长度后，再编织1个可以穿过大珍珠的环。4=包身：编织并连接2条I的方块饰带，制作4排饰带。正面相对对折，将编织终点的线头与编织起点的线头打结，处理线头(→p.47)。提手：在加提手的位置(☆)做梭线连接后开始编织，编织结束时在★处打结固定。底部：将包身翻回正面，一边在前、后2层第4排方块的转角处一起做连接，一边编织桥。

•• =梭线连接→p.52

4

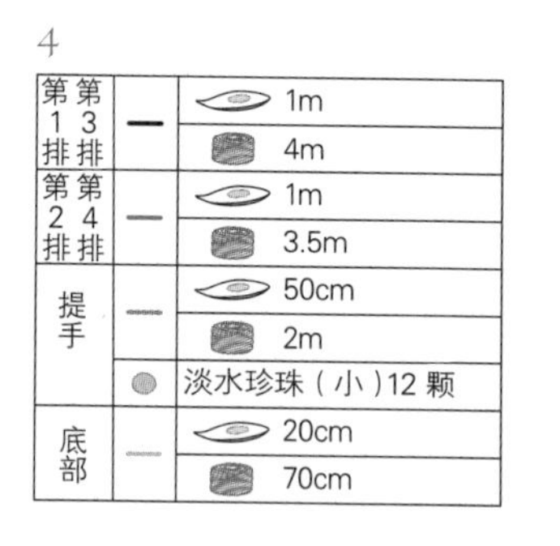

第1排、第3排	—	梭子	1m
		线团	4m
第2排、第4排	—	梭子	1m
		线团	3.5m
提手	—	梭子	50cm
		线团	2m
	●	淡水珍珠(小)12颗	
底部	—	梭子	20cm
		线团	70cm

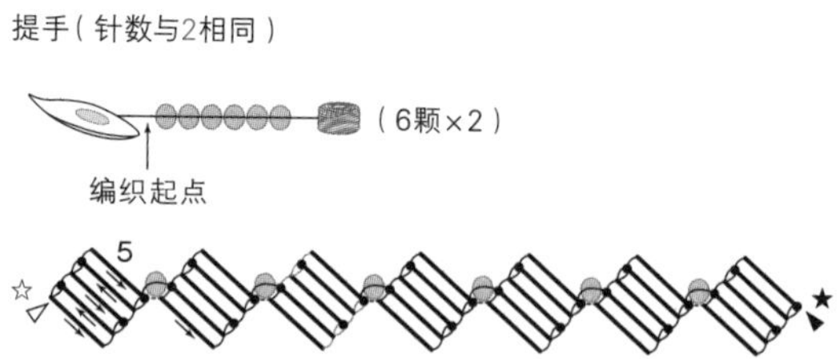

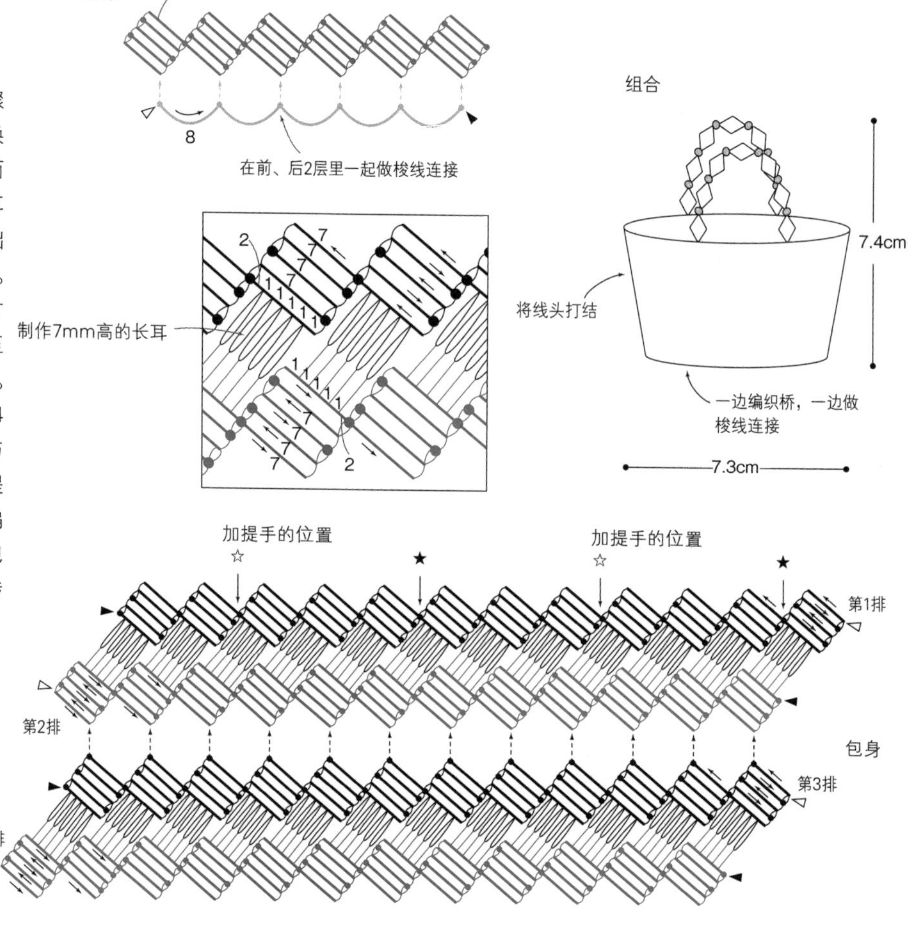

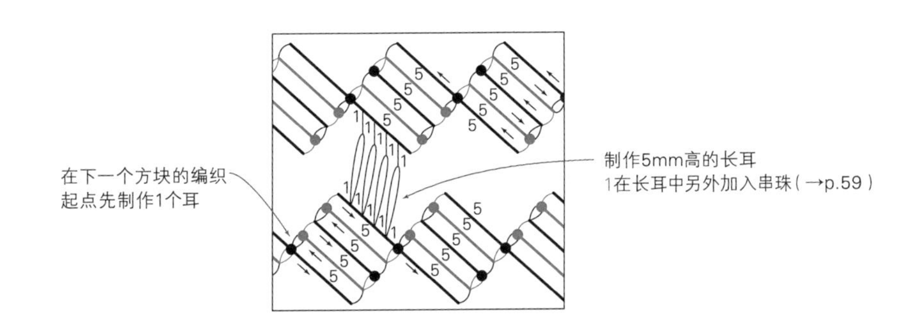

在下一个方块的编织
起点先制作1个耳
制作5mm高的长耳
1在长耳中另外加入串珠（→p.59）

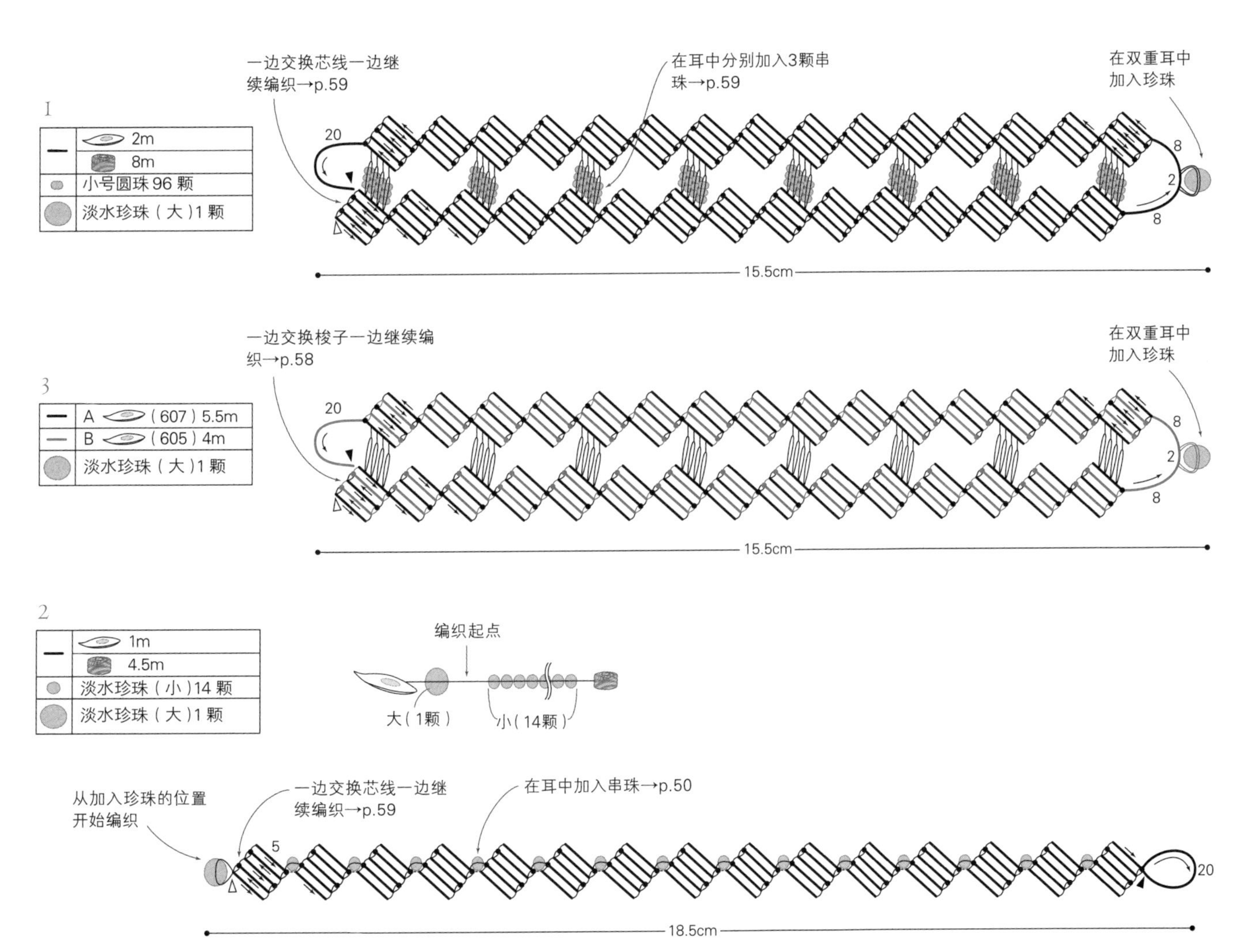

一边交换芯线一边继
续编织→p.59
在耳中分别加入3颗串
珠→p.59
在双重耳中
加入珍珠
1
2m
8m
小号圆珠96 颗
淡水珍珠（大）1颗
15.5cm
一边交换梭子一边继续编
织→p.58
在双重耳中
加入珍珠
3
A （607）5.5m
B （605）4m
淡水珍珠（大）1颗
15.5cm
2
1m
4.5m
淡水珍珠（小）14 颗
淡水珍珠（大）1颗
编织起点
大（1颗）
小（14颗）
从加入珍珠的位置
开始编织
一边交换芯线一边继
续编织→p.59
在耳中加入串珠→p.50
18.5cm

VII

I~3

图片/p.33

✦材料和工具

用线：Olympus梭编蕾丝线〈中〉(T201)

工具：2个梭子

✦编织要点

请参照TECHNIQUE9 分裂环(→p.60)的步骤详解编织。

用梭子A开始编织分裂环❶，编织4个基础结。用梭子B编织4个分裂结❷。编织环❸。编织剩下的4个分裂结❹。接着编织下一个分裂环❺。

• =梭线连接→p.52

组合

14.2cm

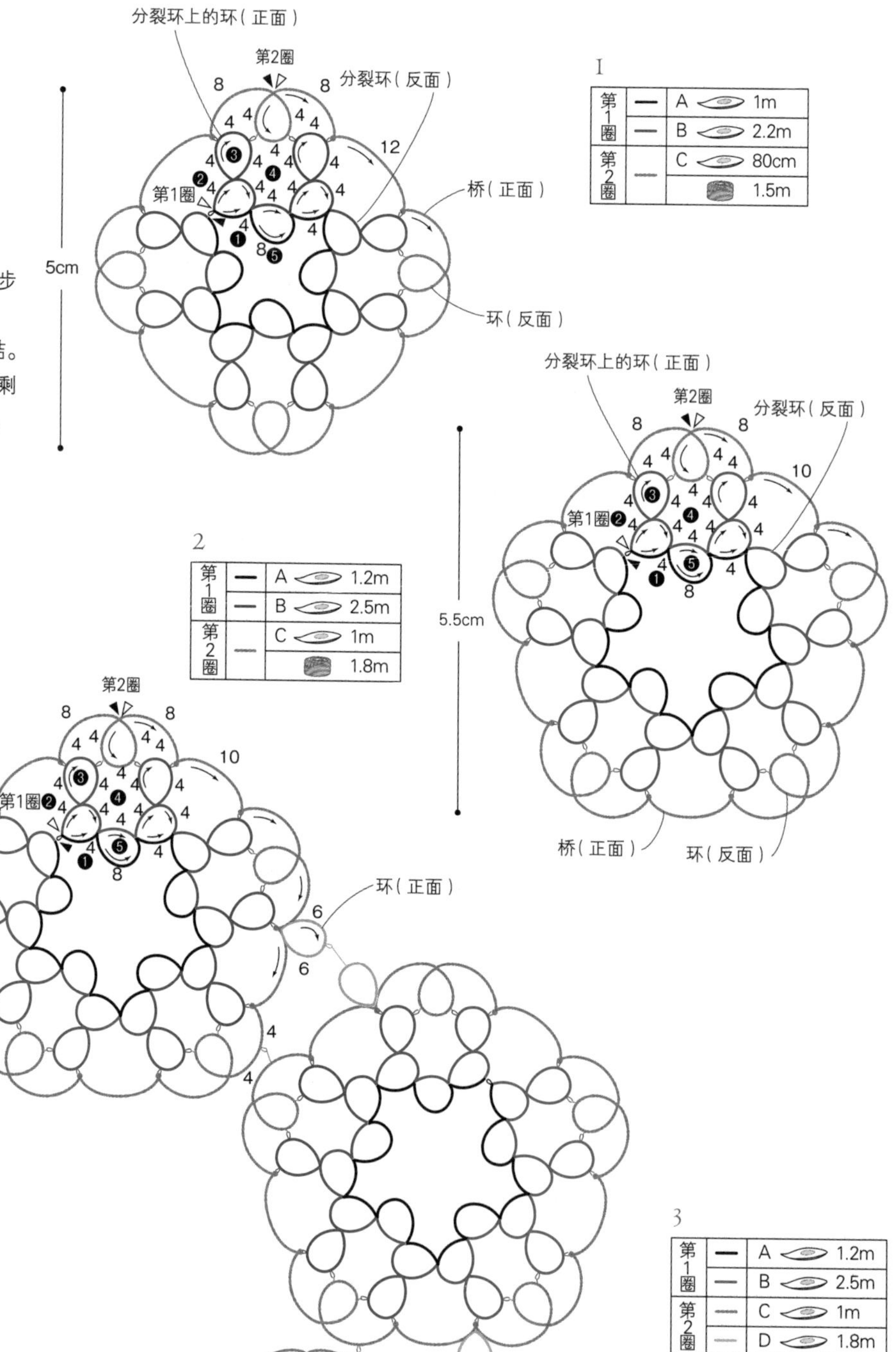

I

圈	线	梭子	长度
第1圈	—	A	1m
	—	B	2.2m
第2圈	—	C	80cm
		（线团）	1.5m

2

圈	线	梭子	长度
第1圈	—	A	1.2m
	—	B	2.5m
第2圈	—	C	1m
		（线团）	1.8m

3

圈	线	梭子	长度
第1圈	—	A	1.2m
	—	B	2.5m
第2圈	—	C	1m
	—	D	1.8m

小饰物

Ⅰ~6

图片/p.39

✦材料和工具

1 =用线：Lizbeth 40号（605）
串珠：TOHO特小号串珠（150）144颗
金属配件：耳钩 1对、直径3mm的小圆环 6个

2 =用线：Lizbeth 40号（605）
串珠：TOHO小号圆珠（21F）140颗
金属配件：美式耳线 1对、直径3mm的小圆环 2个

3 =用线：Olympus梭编蕾丝线〈金银线〉（T401）、Lizbeth 40号（607）
金属配件：直径3.5cm的圆形胸针底座

4 =用线：Lizbeth 40号（607）

5 =用线：Lizbeth 40号（601）

6 =用线：DARUMA蕾丝线 30号葵（13）
串珠：TOHO小号圆珠（21F）64颗

工具：1个梭子

✦编织要点

1=参照**S-Ⅰ** 6（→p.65）的编织图进行编织。仅在花片最下方的环中加入更多串珠。2=参照**S-Ⅲ** 3（→p.68）的编织图进行编织。如图所示在耳中编入串珠。3=参照**S-Ⅱ** 6（→p.67）的编织图进行编织。在花片的反面涂上黏合剂，粘贴在圆形胸针底座上。4、5、6=4参照**S-Ⅰ** 3（→p.65）、5参照**S-Ⅴ**4（→p.73）、6参照**S-Ⅰ** 6（→p.65）的编织图进行编织。在花片反面的中心加线，编织手指大小的环。

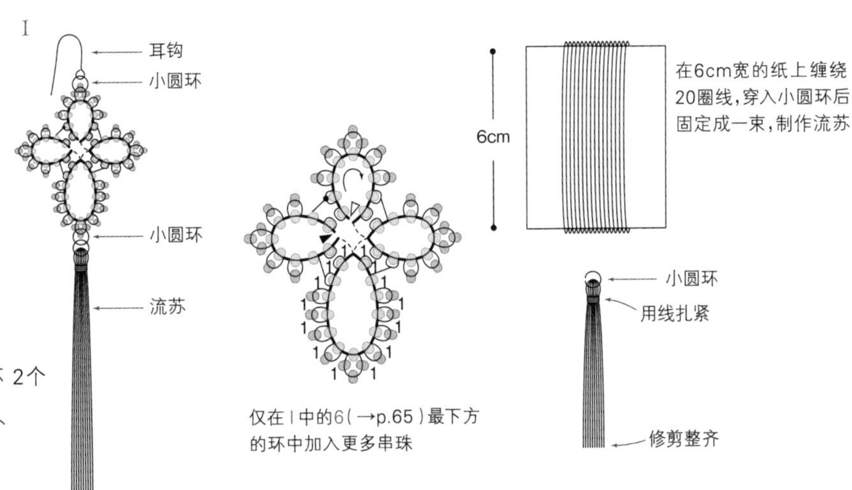

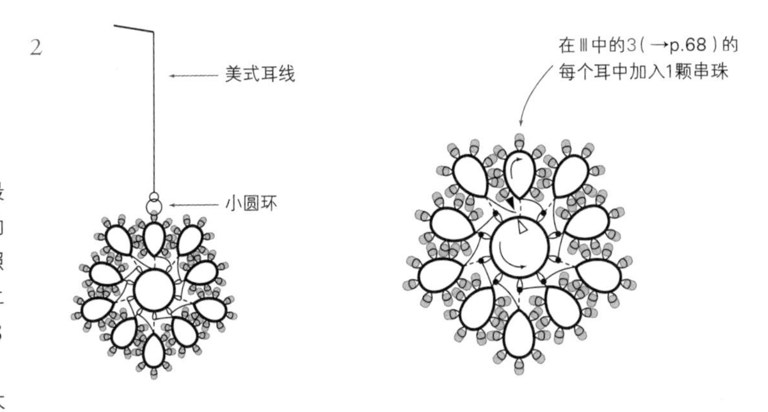

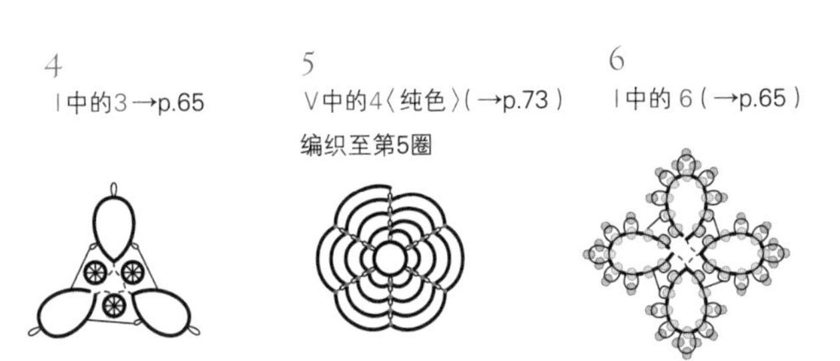

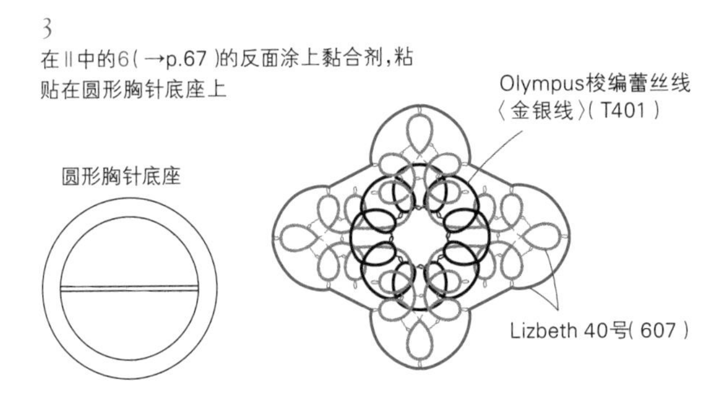

Ⅷ

Ⅰ、2

图片/p.35

✦材料和工具

用线：DMC Cebelia 40号（B5200）

工具：2个梭子

✦编织要点

Ⅰ=花片编织完成后，呈现2个小环重叠在大环上的状态（环的重叠连接请参照 TECHNIQUE10 →p.62）。因为花片中心的环❶～环❸是在反面编织，所以将大环重叠在上方连接。而外圈的环❾是在正面编织，所以将小环重叠在上方连接。

Ⅰ

—	A	6m
—	B	12m

2

—	A	1.5m
—	B	3m

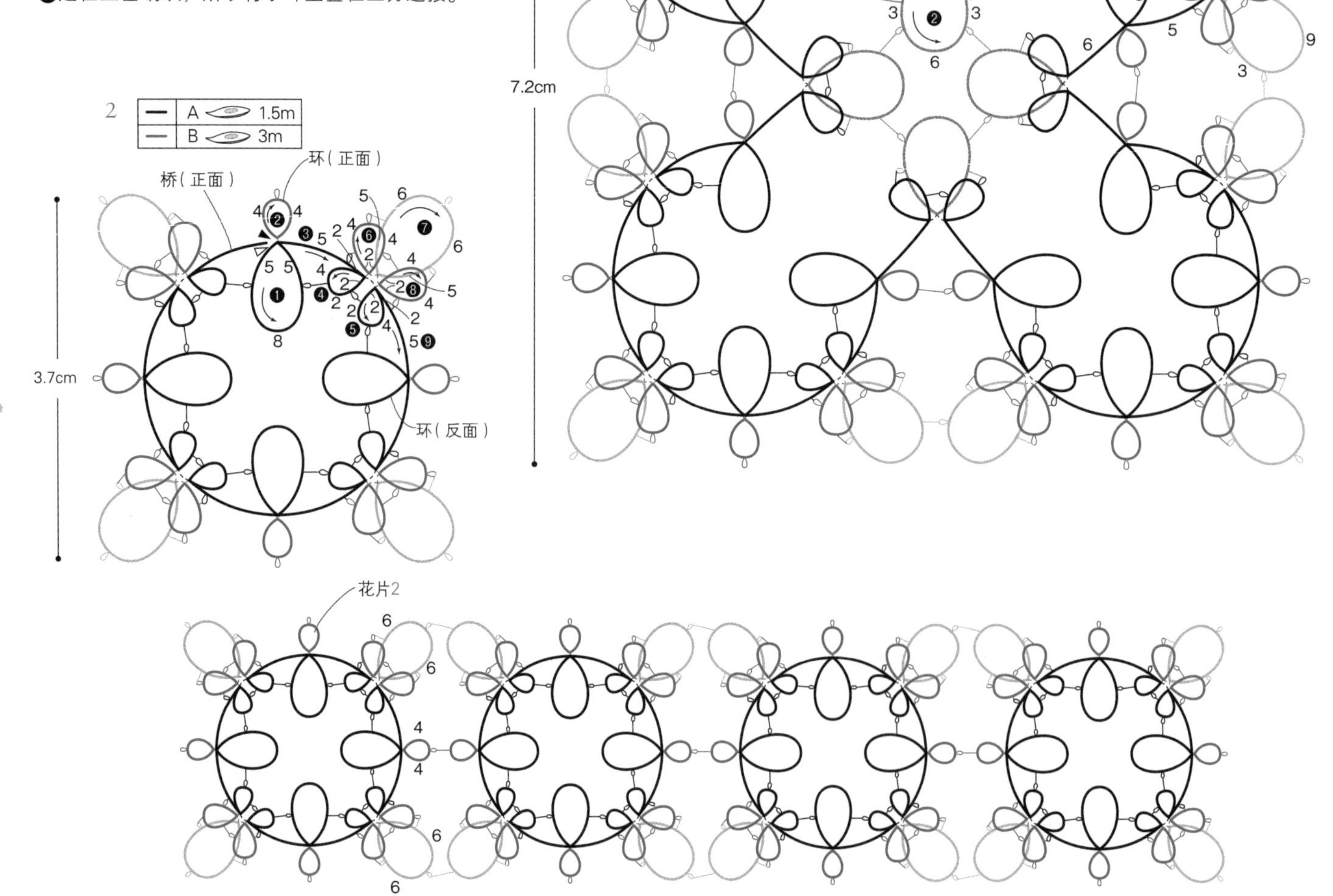

Ⅷ 3、4

图片/p.36、p.37

✦材料和工具

用线：3 =DMC Cebelia 40号（B5200）

　　　4 =Olympus梭编蕾丝线〈金银线〉(T401)

工具：2个梭子

✦编织要点

3=按照底部❶→侧面❷～❺→盖子❻的顺序，编织并连接花片2。最后给整个作品涂上锁边液，趁湿的时候整理形状。4=先编织4个Ⅰ中的3（→p.65）的花片。接着一边编织花片2，一边按❶→❷→❸…→❽的顺序连接。

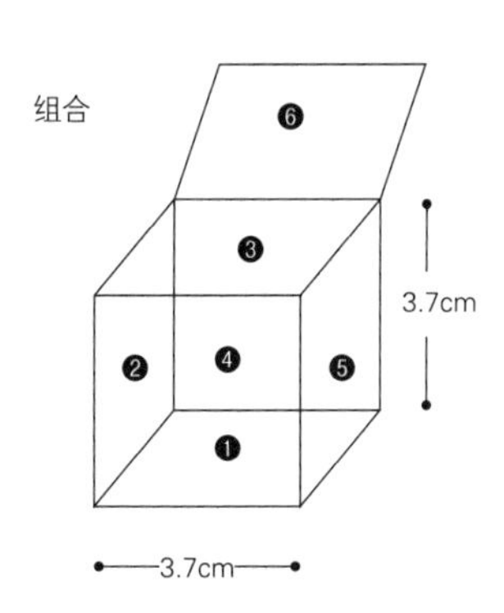

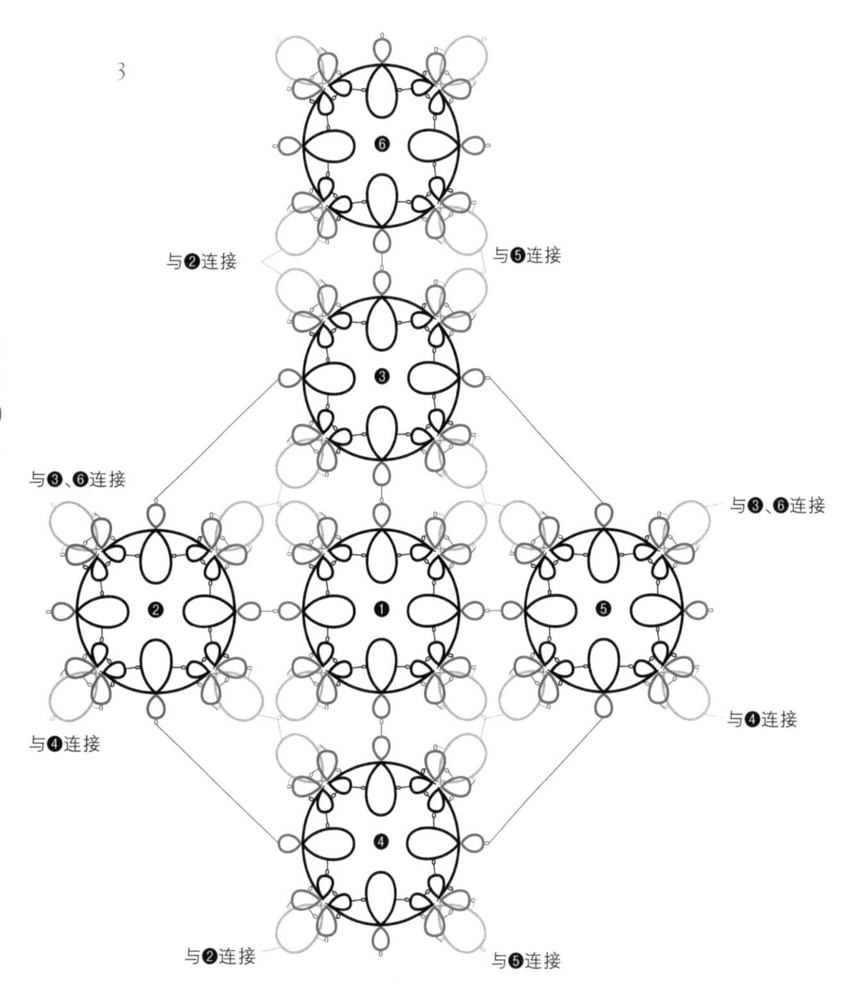

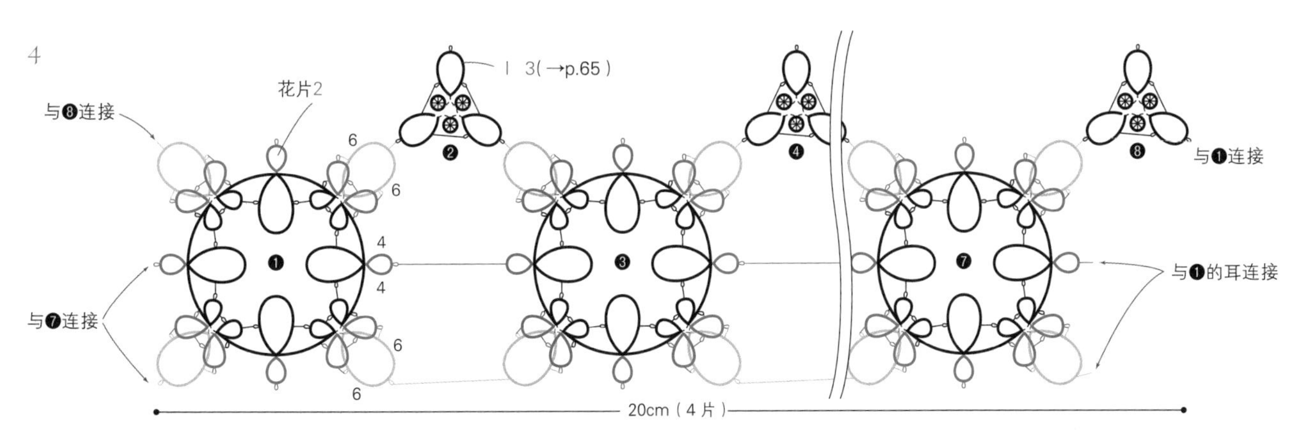

Photographers：YUKARI SHIRAI
Original Japanese edition published in Japan by NIHON VOGUE Corp.
Simplified Chinese translation rights arranged with BEIJING BAOKU INTERNATIONAL CULTURAL DEVELOPMENT Co.，Ltd.

备案号：豫著许可备字-2018-A-0152

作者介绍

伊礼千晶

自幼受到经营拼布教室的母亲的影响，对手工抱有浓厚的兴趣。在服装行业工作 10 年后，学会了梭编蕾丝技法，并于 2012 年创立了自己的品牌 filigne。现在忙于梭编蕾丝教室、讲习会以及各大展会等工作。曾在《从零开始学梭编蕾丝》（日本宝库社出版）中发表过作品。

图书在版编目（CIP）数据

伊礼千晶的梭编蕾丝作品集 /（日）伊礼千晶著; 蒋幼幼译. —郑州 : 河南科学技术出版社，2023.7
ISBN 978-7-5725-1193-6

Ⅰ. ①伊… Ⅱ. ①伊… ②蒋… Ⅲ. ①钩针—编织—图集 Ⅳ. ①TS935.521-64

中国国家版本馆CIP数据核字（2023）第107931号

出版发行：河南科学技术出版社
地址：郑州市郑东新区祥盛街27号　邮编：450016
电话：（0371）65737028　65788613
网址：www.hnstp.cn
责任编辑：刘　欣　刘　瑞
责任校对：王晓红
封面设计：张　伟
责任印制：张艳芳
印　　刷：北京盛通印刷股份有限公司
经　　销：全国新华书店
开　　本：889 mm × 1 194 mm　1/20　印张：4　字数：150千字
版　　次：2023年7月第1版　2023年7月第1次印刷
定　　价：49.00元